U0334820

时光 · 旷野丛书

– 朱靖江 主编 –

A Naturalist's Account of China's "Great Northwest"

蒙古草原纪行

安德鲁斯动物考察手记

[美] 罗伊 · 查普曼 · 安德鲁斯 著

潘云 朱川 译

九州出版社 JIUZHOUPRESS | 全国百佳图书出版单位

图书在版编目（CIP）数据

蒙古草原纪行 ： 安德鲁斯动物考察手记 / 朱靖江主编 ；（美）罗伊·查普曼·安德鲁斯著 ； 潘云，朱川译. 北京 ： 九州出版社，2024. 7. -- （时光·旷野丛书 / 朱靖江主编）. -- ISBN 978-7-5225-3166-3

Ⅰ. Q95-49

中国国家版本馆CIP数据核字第2024MH5035号

蒙古草原纪行：安德鲁斯动物考察手记

作　　者	［美］罗伊·查普曼·安德鲁斯 著　潘云 朱川 译
责任编辑	郭荣荣
出版发行	九州出版社
地　　址	北京市西城区阜外大街甲 35 号（100037）
发行电话	(010)68992190/3/5/6
网　　址	www.jiuzhoupress.com
印　　刷	鑫艺佳利（天津）印刷有限公司
开　　本	710 毫米 ×1000 毫米　16 开
印　　张	18
字　　数	171 千字
版　　次	2025 年 2 月第 1 版
印　　次	2025 年 2 月第 1 次印刷
书　　号	ISBN 978-7-5225-3166-3
定　　价	58.00 元

时光的旅人

——《时光·旷野丛书》总序

朱靖江

2024年春天，我做了一次短期旅行：从北京飞往云南丽江之后，我驱车前往玉龙雪山脚下的玉湖村、宁蒗县泸沽湖和扎美寺，经行四川木里县的利家咀村和木里大寺，抵达稻城县香格里拉镇的亚丁自然风景区，又在木里县的俄亚大村居停，折返丽江之后，甚至还有时间去大研古镇喝了杯咖啡，再登机回到北京。如此行程，在现代化交通工具与四通八达公路的加持之下，只用了六天时间，若是在一百年前，在同一区域——姑且将北京与丽江的飞行距离排除在外——做类似路线的旅行，则至少需要六个月，一路上风餐露宿、骑马徒步，还得豁出命溜索过江，提防着土匪拦路……

中国近二十年基建爆发，将原本的偏乡山寨以无远弗至的道路网络勾连起来，天堑变通途，旅行成为飞行与驱车衔接不断的流程，除非刻意选择户外穿越，否则大可行村过镇，纤尘不染。然而，当探索未知变成网红打卡，当大自然被圈禁为奇货可居的收费风景，当深藏秘境的村庄成为奢华酒店的选址地，曾经最触动人心的那些跋涉、邂逅、震撼与跨文化交流却可能消逝无踪。这的确是一个悖论，交通便利赋予了更多人获得美好生活的可能——十多年前我曾徒步进入的利家咀，如今也营建了舒适的民宿，迎候那些乘兴而来的游客——但自然的自在性与文化的多样性却逐渐淡化趋同，甚至被观光业重塑为一套标准化、景观化和商业化的游览标签。人们在越来越轻易地抵达的同时，也越来越找不到抵达的意义。

作为一名人类学者，我在早年的学习生涯中受惠于旅行的丰饶馈赠。20 世纪最后的十年，远方仍旧遥远，我曾搭运送木材的货车从昌都去拉萨，乘坐塞满 7 个人的破吉普去往四川盐源的泸沽湖畔，又或者坐在滇藏线小卡车的后斗里，看着驾驶室中的老司机挥动着酒瓶，再就是与几位藏族僧人为伍，在松潘到甘南的路上游历。那个年代，穿越天山的客车里始终歌声不断，维吾尔族老爷子拨拉着我们的吉他，就能唱出沧桑的《吉尔拉》；青藏线上的牧羊少年一嗓子《妈妈的羊皮袄》，就能让我泪流满面。我们曾经在交河故城为历史的废墟鼓琴而歌，也在可可西里与野牦牛队的汉子们痛饮酣醉。青年远行的经历为此后的人生染上自由的底色，最终凝聚成对多元文化的热爱，以及通往人类学的田野研习之道。

当然，读书仍旧是旅行的最佳伴侣。在这个信息获取比道路通行更便捷的时代，拥有并阅读一本书，似乎变成了非必要的生活点缀。我们从互联网的浪花中仿佛知晓了一切，却又无从深究这一切讯息的来源或真正意涵。譬如，我在开篇提到的那次旅行通常被称作“洛克线”，是一个世纪之前前美国植物学家、纳西学开拓者约瑟夫 · 洛克（Joseph Rock）在中国西部地区考察的部分线路，近几年也成为一条网红的户外线路，吸引了不少游历者。然而，如果不阅读洛克的著作，无论是他为美国《国家地理》杂志撰写的考察报告（中文书名为《发现梦中的香格里拉》），还是他的皇皇巨著《中国西南古纳西王国》，便无法领略“洛克线”的真正魅力。例如洛克曾在他的书中写道：“这里（永宁皮匠村）是丽江纳西皮匠勤苦工作的地方，他们用牛皮和山驴皮做十足的纳西鞋子，他们也制造西藏式的高靴子，除了用马队运到丽江市场外，还供应整个永宁人脚上的穿着。”今天的永宁镇上，依然有皮匠铺子，制作、销售皮鞋与皮包，可以与洛克百年前的见闻一一印证。他还描述了利家咀村的自然环境：“我们进入木里领土的第一个村子为利家咀，路从边界起穿过美丽的橡树、松树、杜鹃花等的处女森林，围绕着东面有一个山谷的山。”也与我如今之所见遥遥呼应：幽深的山谷，苍翠的树林，溪流之上的水磨坊，只是原本阖村皆是的木楞房大多被砖瓦小楼替代了。即便如此，以洛克的文字和影像为历史脉络，才能够在川滇交界的高山深谷之中，找到一条留有生命印迹的“洛克线”。

在晚清与民国时期，如约瑟夫·洛克一样长期驻留中国，或短期旅行的海外人士，留下了一系列探险考察或游历式书籍。它们当中的一部分，因作者知名或事迹卓著，而在近二十年间陆续被翻译介绍至中国。这其中，如瑞典探险家斯文·赫定（Sven Hedin）、英国考古学家斯坦因（Marc Aurel Stein）等人的著作颇受瞩目，国内的中文译本都在二十种以上。即便如此，在海内外文化交流的一波波浪潮中，仍有此类遗珠不时被冲上海岸，虽然有些古旧沧桑，却也闪烁着时代洗礼之后的隔岸之美。它们令我们从多个视角回望中国百年之间的自然风貌与社会文化变迁——无论是植物学、动物学、地理学，还是人类学、社会学、考古学，曾经模糊不清的东方面纱在西方学术方法的实地考察与分析检视之下层层剥落，逐渐形成全球知识体系当中的地方知识，也成为我们反观本土变迁与文化演进的一面镜子。而这些书籍的写作者——有些是为博物馆搜集标本的博物学家，有些是探险猎奇的冒险家，有些是长居中国某地的学者，有些是捕捉新闻的媒体记者，有些人带着传教的使命扎根乡村，也有些人带着摄影机游走四方——都曾在某一时代经行在中国的大地上，与某些人萍水相逢，与某些事不期而遇，见证了某些非凡时刻，体验了某些文化震撼，最终完成了一段人生经历的书写。

正因如此，我们将这些从文字地层的沉积岩中打捞回来的书稿，编纂为一套书目，定名为“时光·旷野丛书”，意在重新召唤那些行走在时光路上的旅人，唤醒他们尘封的记忆，回归他们曾经漫游徜徉的旷野江湖——青藏高原的雪峰巨泊、西南山地的幽林深谷、万里长城的残垣断壁、长江沿岸的高峡急流、蒙古草原的连天青碧、戈壁荒漠的黄沙万里……“人生天地间，忽如远行客”，这些来自异乡的远行客留下了尚在传统社会格局之中却已挣扎变革求新的中国纪事，其中难免带有欧洲中心主义、殖民主义、东方主义等各种负面“主义”的元素，但显然更为重要的，是他们作为普通人在一个古老国度旅程当中的文化体验。从人类学的视角而言，“时光·旷野丛书”的代表性著作都接近于民族志的文本形态，铺陈一些带有体温与情感的人生故事。就仿佛小酒馆里的昏灯之下，年迈的旅人握紧酒杯，围着炉火，悠然讲起那些往昔的记忆。或许有人愿意举杯共饮，回到一个行脚与马帮的时代。

是为序。

自 序

1916年—1917年，美国自然历史博物馆亚洲第一探险队沿着中国西藏和缅甸边界，在一个鲜为人知的中国省份——云南，从事动物学研究，关于那次探险的记录已收录在本人第一本公开出版的书籍《探路中国》(*Camps and Trails in China*)中。美国自然历史博物馆一直希望继续有关亚洲的考察，而1918年，“一战”接近尾声的时候，我在中国的另一次考察行动满足了博物馆的这个心愿。

我曾在大中亚高地的东南边缘开展过广泛的考察，因此我特别希望能收集到东北部动物种群样本的资料，为探险做准备(现正在进行中)这些资料将为科学的其他分支研究提供帮助。因此，我和我的妻子在蒙古高原及华北地区与第二亚洲探险队度过了这辈子最愉快的时光。

本书是有关我们工作和旅行的记述。与我的第一本书一样，本书完全以一个探险家的视角来写，极力避开那些对读者来说枯燥乏味的科学术语。有关探险队成果的完整报告届时将刊登在博物馆的科学出版物中，对于希望进一步了解蒙古高原动物种群的读者，我推荐阅读这些出版物。

亚洲是世界上最迷人的天然猎场，不仅因为猎物数量之多，而是因为这些物种的质量和科学重要性。中亚是现今地球上其他地区的许多哺乳动物的起源地和分布地，当地一些大型动物的生活习性和关系对人类而言几乎是未知的。然而当地人对大型动物赶尽杀绝，缺乏动物保护意识，砍伐、破坏森林，并在内陆偏远地区修建越来越多的交通设施，这注定会使许多最有趣、最重要的野生动物在不久的将来灭绝。

幸运的是，世界各地的博物馆都及时意识到获取亚洲哺乳动物样本的必要性。多亏了美国自然历史博物馆馆长及理事会的开明决策，我和我的妻子得以获得这样一个难得的赴亚洲考察动物的机会。在此，我代表我和我的妻子感谢美国自然历史博物馆馆长亨利·费尔菲尔德·奥斯本，他总是时刻准备着为增进对中国的了解与中美友好关系的建设贡献自己的一份力量；感谢F.A. 卢卡斯主任和乔治·H. 舍伍德副主任对我们考察工作的持续关注；感谢查尔斯·L. 伯恩海默及其妻子对我们在蒙古高原考察工作的慷慨的经济支持；感谢我的妻子也是我的最佳搭档完成了本次考察中所有的摄影工作，本书很大程度上也基于她的日记；感谢《哈泼斯杂志》（*Harper's Magazine*）、《自然历史》（*Natural History*）、《亚细亚杂志》（*Asia Magazine*）和《跨太平洋杂志》（*Trans-Pacific Magazine*）的编辑对本书的摘录；感谢那些曾经给予考察工作以及我们个人以帮助的朋友；我代表美国自然历史博物馆理事会以及馆长感谢中国外交部慷慨地授予我们中国境内的考察许可证；感谢在北京的原美国驻华大使保罗·S. 赖恩森阁下，大使馆的丁家立博士、裴克、欧内斯特·B. 普赖斯以及其他工作人员给予我们入境许可和在涉及中国政府的众多具体问题中提供帮助；感谢我们在北京的代理人A.M.

古普第尔，在考察期间他为我们处理了许多恼人的物资及设备进出口细节问题；感谢北京其他人士，如指挥官 I.V. 吉利斯和 C.T. 哈钦斯、乔治·D. 怀尔德博士、J.G. 安德森博士，以及 H.C. 法克森、E.G. 斯密斯、C.R. 本内特、M.E. 韦瑟罗尔、J. 肯里克等先生在各方面对我们的帮助；感谢卡拉根[①]的查尔斯·L. 科尔特曼为我们蒙古高原之行所做的安排，他不吝个人时间，无偿担当向导并将汽车借给我们以便工作之用；库伦[②]的迈耶公司的 F.A. 拉森为我们准备了车、马和其他交通工具，并为我们提供他在蒙古草原的宝贵经验作为参考；感谢慎昌洋行的 E.V. 奥卢夫森为我们在库伦期间提供的各方面帮助，借给我们他的房子和用人以供使用和差遣；感谢奥斯卡·马门及其妻子的慷慨款待；感谢 E.L. 麦卡里及其妻子于我们在蒙古地区期间的陪伴以及在库伦的暂时陪伴，他们为我们在穿过蒙古大草原期间提供设备支持并在我们返回北京之前款待我们；感谢俄国外交代表 A. 奥洛从蒙古地方政府获得我们在库伦的工作许可，并给予我们许多宝贵建议；感谢 H. 卡斯尔牧师和拉西·墨菲特牧师安排我们在浙江省进行有趣的打猎活动；感谢上海的美国总领事 E.S. 柯银汉在货物运输上的巨大帮助；感谢加拿大太平洋船务公司客运总代理人 G.M. 杰克森负责将收藏品运输至美国。

罗伊·查普曼·安德鲁斯
美国自然历史博物馆
美国纽约

① 卡拉根，当时张家口的正式名称，是中亚和蒙古地区以及中国满族人对张家口的称呼。——译者注

② 库伦，现称乌兰巴托。——译者注

本书献给

J. A. 艾伦博士

共事期间，他渊博的知识，对科学的无私奉献，对年轻一辈动物学学生的持久关怀，是我学习的榜样和灵感的来源。

目录

蒙古草原的游牧民

引言

尽管蒙古草原的故事似天方夜谭一般迷人且不可捉摸，有关蒙古族人的浪漫故事和他们的成就已经有相当完备的记述了，我没有必要在这里重复这些内容。然而西方世界对这里却知之甚少，我将在这里用几句话努力勾勒出蒙古地区最近的政治变动，其中的一部分事情就发生于我们在蒙古草原考察期间。

12 世纪至 13 世纪，伟大的成吉思汗和他杰出的继任者忽必烈汗“几乎一夜之间”建立起世界上有史以来最伟大的帝国。他们的铁骑不仅征服了整个亚洲，而且在欧洲杀出一条血路，一路杀到了遥远的第聂伯河[1]。

所有的欧洲国家都奋起反抗，但是这群本来能靠武力征服欧洲的蒙古族人却沉迷酒色，败于奢靡。在他们一路凯歌的行军道路上，大量的财宝落入他们囊中，让他们过上安逸的生活。

自然，这群马背上的草原战士在经历了长久的颠簸与艰苦的生活之后，已经习惯了贫穷和疲惫，奢侈的毒素侵蚀了他们的每一

① 第聂伯河（Dnieper），欧洲东部第二大河，欧洲第四大河，流经白俄罗斯、乌克兰，注入黑海。——译者注

个毛孔，他们逐渐失去了本属于他们的伟大特性。

1911年，清王朝统治被推翻，继而中华民国建立，蒙古地区并没有因此发生大规模的历史变动。然而，当时的俄罗斯人却希望在俄国和中国之间建立一个缓冲国，以获得在蒙古地区的商业特权，所以他们支持蒙古族人叛乱，给蒙古族人提供武器弹药，培养蒙古叛军。

第一次外蒙古独立的试探行动是在1911年12月，呼图克图[①]和库伦贵族不费吹灰之力将中国驻军赶出了这个地区。由于内地紧张的局势，中国政府一向很少注意到蒙古地区事务。直到1912年10月北京收到前俄国外交部部长廓索维慈秘密到达库伦的消息，中国政府才在1912年11月3日真正认识到外蒙古建立起了新政府并宣布独立。

中国自然有义务发布官方文件说明情况，尤其在这个时候，中国政府难以兼顾国内外的尴尬局面。最终在1913年11月5日，中俄协议通过，俄国承认中国在外蒙古享有的宗主权，中国则允许外蒙古自治[②]，而这一切的背后是，俄国为蒙古族人提供金钱和武器。自然，中国伺机收回本属于自己的土地也不足为奇。

最终，随着沙俄政府的垮台和布尔什维克主义的传播，蒙古地区失去了俄国在军事行动中的物质支持。千载难逢的机会来了，尽管早在1914年初蒙古族人就开始意识到他们交了一个危险的朋友。蒙古地区只有两三千人的装备简陋、纪律涣散的部队，他们需

① 呼图克图，清朝授予蒙、藏地区藏传佛教上层大活佛的封号，这里指八世阿旺垂济·尼玛丹彬旺舒克。——译者注

② 中俄声明文件另件第一条规定：俄国承认外蒙古土地为中国领土之一部分。——译者注

要资金支持才能成为一支有效的战斗部队。

中国政府很快就意识到了这个情况。徐树铮[1]，人称“小徐”，巧妙运用东方战术，派遣 4000 名士兵到库伦打着保护蒙古族人的旗号抵御所谓的威胁中国的布里亚特人[2]和匪军。不久，他本人也乘着汽车到达了库伦，如计划好的一样给呼图克图和他的内阁施加压力，导致他们别无选择，只能取消自治，并使蒙古地区再次回到中国的统治下。

这是呼图克图和他的内阁在 1919 年 11 月 17 日致中华民国总统的正式请愿书，并在 1919 年 11 月 24 日出版的北京报纸上刊登：

外蒙自前清康熙以来，即隶属于中国，喁喁向化，二百余年。上自王公，下至庶民，均各安居无事。自道光年间，变更旧制，有拂蒙情，遂生嫌怨。迨至前清末年，行政官吏秽污，众心益行怒怨。当斯之时，外人乘隙煽惑，遂肇独立之举。嗣经协定条约，外蒙自治告成，中国空获宗主权之名，而外蒙官府丧失利权。迄今自治数载，未见完全效果。追念既往之事，令人诚有可叹者也。近来俄国内乱无秩，乱党侵境，俄人既无统一之政府，自无保护条约之能力。现以不能管辖其属地，而布里雅特等任意沟通土匪，结党纠伙，迭次派人到库，催逼归从，拟行统一全蒙，独立为国，种种煽惑，形甚迫切，攘夺中国宗主权，破坏外蒙自治权，于本外蒙有害无利，本官府洞悉此情。该布匪等以为我不服从之故，将行出兵侵疆，有恐吓强从之势。且唐努乌梁海向系外蒙所属区域，始则俄人

① 徐树铮，北洋军阀皖系名将。——译者注

② 布里亚特人，又称“布里亚特蒙古族人”，也叫布拉特人。——译者注

白党[1]，强行侵占，拒击我中蒙官军，继而红党复进，以致无法办理。外蒙人民生计，向来最称薄弱，财款支绌，无力整顿，枪乏兵弱，极为困艰。中央政府虽经担任种种困难，兼负保护之责，乃振兴事业，尚未实行。现值内政外交，处于危险，已达极点，以故本官府窥知现时局况，召集王公喇嘛等，屡开会议，讨论前途利害安危问题，冀期进行。咸谓近来中蒙感情敦笃，日益亲密，嫌怨悉泯，同心同德，计图人民久安之途，均各情愿取消自治，仍复前清旧制。凡于扎萨克之权，仍行直接中央，权限划一。所有平治内政防御外患，均赖中央竭力扶救。当将议决情形，转报博克多哲布尊丹巴呼图克图汗时，业经赞成。惟期中国关于外蒙内部权限，均照蒙地情形持平议定，则于将来振兴事务及一切规则，并于中央政府统一权，两无抵触，自与蒙情相合，人民万世庆安。

自然，中华民国总统徐世昌欢迎他们浪子回头的行为，授予呼图克图最高荣誉以及活佛称号，并指派活佛的好友“小徐”作为双方沟通的使者。

蒙古地区再次成为中国的一部分，没人知道它的未来如何，但世事都在迅速变化，等到这本书出版的时候，蒙古地区新的故事又将上演。

---

① 白党，也称白军，是苏俄国内战争时期的一支武装力量。白军以保皇党派为主，1921年初被苏俄红军消灭。——译者注

第一章
进入神秘之境

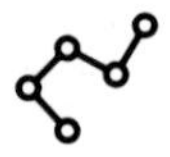

我们疯狂地追逐着一群羚羊，驾车紧随其后。它们如同被风吹起的丝带一般穿过似沙漠却又不是沙漠的地带，一旁的蒙古族骑兵骑着骆驼经过，形成一幅奇特的景象，这巨大的反差与鲜明的对比使即便像我这样一个因旅途的劳顿而早已疲惫不堪的旅者都感到惊奇不已，我仿佛瞬间从 20 世纪突然穿越到了中世纪。我是一个自然主义者，曾到过地球上的许多角落，也见过许多奇怪的人和事，但在蒙古高原上看到的一切让我屏住呼吸，使我茫然乃至眩晕，我完全不知道如何调整我的精神状态。

1918 年 8 月下旬，我离开北京，动身前往蒙古戈壁沙漠时，不知何故，在我脑海中“蒙古”和“戈壁沙漠”是一幅旧时忽必烈汗和他治下的古中国的生动图景，泉涌般的思绪让我不愿想到汽车这样一种现代的交通工具。只要我能够踏上这片我一直以来梦想踏上的土地，这就够了。

我甚至也不想坐火车。当我坐着火车前往卡拉根的时候，我看到满载货物的驼队静静地沿着铁轨旁的公路缓缓行进；当我们慢慢经过著名的南口[1]的时候，我看到了世界奇迹之一——长城，这如灰蛇般蜿蜒过岭的城墙将我想象中神秘的蒙古高原的印象驱散。我看到并接受了它，就如同接受了辉煌的老北京城墙旁出现一辆汽车一样。它离我太近，铁路使它变得平庸了。

但蒙古高原又是不同的，一个人乘坐着咆哮前行的火车，是没法观看这些的。我带着我的老步枪和睡袋，它们陪着我，穿越过遥远的云南山脉，走过西藏边境，钻过缅甸的炎热丛林。在卡拉根，两个穿着卡其布制服的年轻人接待了我，他们腰间绑着一把六轮手枪和一排弹匣。熟悉的旅伴和两名年轻人的接待，让我欢欣喜悦，浑然不知我的草原梦即将破碎。

那天晚上，我们坐在查尔斯·科尔特曼的家中，他迷人的妻子在餐桌旁主持晚餐，她是一个真正爱好户外活动的女子。我们的话题都是射击、马匹以及广阔的戈壁沙漠中的孤独与怅然，并没有提及太多次汽车。或许他们隐约意识到，我仍然沉浸在虚幻的梦里，但也意识到我很快就会从梦境中醒来。

那天晚餐，我就遇到了一个破坏我对蒙古草原神秘感的人。1916 年，科尔特曼先生和他的前合伙人奥斯卡·马门驱车穿过草原前往库伦——蒙古地区的旧都。但对于一个心存东方梦的梦想家来说最不浪漫、最不谐调且最令人沮丧的是，几天后，从幻梦中清醒的日子最终还是到来了：我们弄到了汽车，其中有一辆是整个蒙古地区顶礼膜拜的神——蒙古活佛呼图克图的车，这些将是第一批穿越蒙古沙漠的汽车。

---

① 南口，北京西北部居庸关南面的关口。——译者注

当呼图克图得知蒙古地区有了第一辆汽车的时候，他就立即也要了一辆。因此，他的车穿越崎岖不平的道路平安到达卡拉根，沿着旧时骆驼商队的路径跨越 700 英里[①] 的草原到达库伦。这也是数百年前成吉思汗和他的蒙古铁骑征服中国的道路。

8 月 29 日，天还没亮，我们就起床了。赶骡人装载货物和马鞍时，庭院里的灯笼如同巨大的萤火虫一般时明时暗。因为前面的路崎岖不平，我们将汽车留在高原上一个名叫黑麻胡村[②] 的传教站，我们将干粮和被褥放在了马车上，驾着马车继续前行。与我们同行的是科尔特曼夫妇与罗康德尔夫妇，我们一共五人。我负责勘察地形，科尔特曼先生的任务是拜访库伦的贸易站，罗康德尔夫妇将在那里过冬。

太阳升起一小时后，我们踏上了湿滑的石道前往北城门。卡拉根背靠长城而建——长城是中国的第一道防线，这个庞大国家最外层的堡垒，数百年来保护中国免受鞑靼人入侵。在我们与那片广袤的高原之间，除了这道墙，别无其他了。

护照通过检查后，我们穿过如幽暗峡谷一般的城门，向左急转，就是一片干涸的河床边缘，一排又一排如山峦般起伏的驼峰，有的紧紧聚在一起，仿佛棕黄色的土包，只能看到它们长长的脖子和头，有的则静静地跪卧在沙地上，绕过石头后，又是几百头骆驼，它们淡定缓慢地朝着长城下的大门走去。它们来自我要去的遥远草原，所以深深吸引着我。或许是因为骆驼满足了我对辽阔荒原的想象，我对它们晃动着身躯穿越沙漠的姿态百看不厌，似乎有一

① 1 英里约为 1609 米。——译者注

② 黑麻胡村，位于今张家口市张北县。——译者注

股无形的力量，让我无法抗拒它们带来的魅力。

通往黑麻胡村的其中一条道路是干涸的河床，左边是蜿蜒穿过群山的长城，右边是200英尺[①]高的壮观的悬崖。在这些悬崖脚下，坐落着一些泥顶小屋。往河床上游走，映入眼帘的是低矮的土黄色丘陵，风吹来的沙土被积压得十分结实坚硬，仿佛一块切下来的奶酪。虽然从远处看，这里已经荒废，但是的的确确还有不少人烟。整个村庄是在山坡上半挖半建的，每一堵墙、每一个屋顶都是黄土建成的，几乎和山融为一体，很难分清哪里是山，哪里是房屋。

我们距离卡拉根还有10英里左右，便开始徒步，走上通往大高原的隘口。我一直低头盯着小马驹的马蹄，一直走到半山腰一片开阔的平地。我转过身去，似乎一瞬间，一切景象尽收眼底。我看到了绵延起伏的山丘曼延到数英里开外，与遥远的山西山脉在天际线交会。我最大的心愿在这一刻得到了满足。

这个村子很荒凉，在这片广袤的土地上，每一座丘陵都被风霜雨水如刀剑般劈砍，形成一条条五彩斑斓的峡谷沟壑，在目光所及之处以奇妙的角度相互交错。

过了一会儿，我们到达了隘口的顶峰。从未有一个地方可以满足我先入为主的想法。我们身后和脚下是一幅巨大的沟壑和峡谷的地貌图，眼前却是一望无际的微微起伏的平原。此刻我知道我真真切切地站在世界上最大的高原的边缘，而这个地方，只能是蒙古高原。

---

① 1英尺约为0.3米。——译者注

我们的午餐是在路旁的一家中式小旅店解决的，而后我们驾马前往黑麻胡村，路上是起伏的小麦田、荞麦田、小米田、燕麦田，燕麦是那么丰茂，那么鲜美，以至于任何马儿看到了都想吃一口。

饭后，罗康德尔先生和科尔特曼先生骑马在前方领路，我骑着我的小马驹慢悠悠地跟在后面。将近晚上 7 点，传教站周围的树木逐渐被暮色笼罩。我欣赏着华丽的日落景象，太阳在空中溅起了金色和红色的光辉，我懒洋洋地看着骆驼商队在 1 英里外的山脊上摇摇晃晃的黑色剪影。在我旁边的另一条路上，一队满载货物的骡车和牛车停了下来，赶车的人都快睡着了。我享受着草原上这个美好宁静的秋夜。

突然，从一个小山峦的背后，传出了汽车发动机的转动声和喇叭的刺耳嘶鸣。我还没意识到是什么事，就被挤在喘着粗气的牲畜、叫喊的马夫和尥蹶子的骡子中间。过了一会儿，商队才散开到道路两边，道路上只剩下一辆黑色汽车，它就是这次混乱的始作俑者。

我希望我能让那些在城市里生活的人知道，在开阔的蒙古草原上，汽车似乎是多么奇怪且格格不入的事物。想象一下，配有东方饰物的骆驼或大象突然出现在纽约的第五大道上！你会立刻想到它是从马戏团或动物园里逃出来的，并好奇交警面对这样一个不听他指令的生物究竟会怎么做。

不和谐的场面和眼前明显不合时宜的汽车让我把马丢给马夫，回到马车后座舒服的垫子上伸懒腰。在这里，我什么都做不了，只能在马车颠簸时，收集我破碎的梦想城堡的残骸。我猝不及防地觉醒了，不得不羞愧地承认，随着路程增长，弹簧座椅比我的蒙古马鞍更舒适。

但那天晚上，我漫步在传教站内的庭院，在魔幻的沙漠星空下，我的思绪追溯到了忽必烈汗那辉煌的日子。我的心中充满怨恨，因为我意识到无论这是好是坏，沙漠的神圣性永远消失了。骆驼仍将在古老的草原上无声地跋涉，但神秘感已经消失了。原本只有被选中的少数幸运儿知道的真相，如今已经对所有人开放，各式各样的人都将在起伏的草原上快速穿行，他们听不见、感受不到，也不了解那种无法抗拒的引人踏入未知世界的沙漠魅力。

白天，我们装车完毕，将铺盖和汽油罐绑在车踏板上，车上的每个角落都塞满了干粮。我们装填好步枪，随时可以开火。科尔特曼先生还许诺，要展示一下我们没见过的枪法。

科尔特曼先生给我们讲了一个他以时速五六十英里的速度开车追击羚羊的故事。但我们很怀疑，毕竟我们没见过奔跑的蒙古羚羊。

离开黑麻胡村后，我们一路颠簸了二三十公里。如果路上没有骡车和牛车留下的车辙，这条路会很好走。钉满钉子的车轮能切入最坚硬的地面，留下一片细长的凸起和深坑。路面变得一片狼藉，而且情况逐年变差。

一路上，我们几乎一直都可以看到泥墙小屋或小村庄，还有小贩携带着装着水果或女性的小装饰品的篮子经过。我们颠簸前行时，会有农民驻足凝视着我们。我们真的是在蒙古地区，这里都是中国人。

离开卡拉根后，一切都是一样的，路上所见的都是中国人。

长城是为了将蒙古铁骑挡在外面而建造的，然而它同样也把绝大多数中国人围在了城内。广阔高原上起伏的草海对擅长耕种的农民来说诱惑太大了。政府也知道和平深入的好处，于是，农民每年将耕田向外推进 12 英里左右，草原变成了小麦、燕麦、小米、荞麦和土豆田。

蒙古族人一般不以农业为生。可能是因为多年前，清政府不许他们耕种土地，而且他们并不习惯耕种，耕种让他们感到并不舒服。马背才是他们真正的家，蒙古族人能很好地完成任何在马鞍上的工作。正如 F. A. 拉森先生在库伦曾说，“要是让蒙古族人在厨房里骑马，他能做出一桌子好菜”。因此蒙古族人将一望无际的草原留给了擅于耕种的农民作田地，而他们选择了饲养肥尾羊、山羊与牛儿。

离开传教站大约两小时后，我们朝着塔布尔[①]前进。我们打算住在拉森先生家中，他是蒙古地区最出名的外国人。在前往他家的路上，我们看到了他养的一大群马儿在远处吃草。

夏天，这个地区的所有土地都长着茂盛的草，自然也不缺水。沿着这条路有很多水井和小溪，在远处，池塘和湖泊的表面闪着银色的光。成群的山羊和肥尾羊在山谷游荡，这片土地可以轻易养活比他们多得多的牲畜。

距离塔布尔不远的地方是一个蒙古族村落，我跳下车拍了一张照片，车一停，就有十几只像狼的大狗冲出房子狂吠不止。它们是巨大的野兽，不仅体型巨大，还十分凶猛。每个家庭都至少有一

① 山名，张家口西北部内蒙古境内。——译者注

罗伊·查普曼·安德鲁斯骑着“忽必烈汗”

探险队摄影师：伊薇特·博勒普·安德鲁斯

只这样的大狗，这次之后，我们明白了，千万不要徒步接近当地的房子。

尽管条件允许，这里的房子构造和中原地区的房子并不一样，它们不是泥顶房，而是圆形的，用网格架做框架，上半部分是个盖着动物皮毛的圆锥。

随着塔布尔的山脉沉入我们身后的地平线，我们进入了一个巨大且起伏的草原。这里几乎没水，荒无人烟。这里就像美国的内布拉斯加州或达科他州的大草原一样，低矮的草地里，飞燕草和紫色蓟在阳光下如火舌一般艳丽。

这里不缺禽类，我们早些时候来到这里，看到池塘里有数百只绿头鸭和水鸭。汽车常常吓到在路上洗沙浴的金鸻，田凫则秋风扫落叶一般掠过草原。大金雕和大乌鸦安然地憩息在电线杆上。早晨临走前，我们在农田里还看到数千只蓑羽鹤。

草原上没有树木，所有能生火的东西都很宝贵。我很好奇木质电线杆是怎么保持完好的，每根电线杆都很光滑，圆润，没有一块碎裂的地方。保护电线杆的方法其实很简单，也完全是东方式的。在第一根电线杆架起来的时候，蒙古地方政府就颁布了法令，凡是用刀或斧头砍电线杆的人都会被杀头。即使在草原上，执行这样的法律也并不像看上去那么困难，在几个人被杀头以后，电线杆的安全就得到了保障。

我们在营地的第一个晚上是在距离黑麻胡村约 100 英里开外的一个山坡上度过的。当车子停下的时候，一个人留下来负责解开睡袋，其余的人则分散在草原上寻找生火的燃料。干粪是沙漠里唯一的燃料，虽然它不像木头那般容易点燃，但是它却像木炭一样好用，很快便能煮熟一锅的食物。我负责做饭，当然我非常乐意去承担这样一份工作，这样我就有借口，在寒冷的清晨坐在火堆旁了。

这是一个美好的秋夜。天空中的每一颗星星似乎都在它们应有的位置，每一颗都像一盏小小的灯笼。我找到了一片沙地，挖出一块足以容得下我的臀部和肩膀的地方，而后我爬进了睡袋，欣赏着头顶的金属顶棚，不知不觉就过了半小时。沙漠之夜的魔力再次融入我的血液，我感谢命运，命运让我远离喧嚣躁动、人头攒簇的纽约。当远处传来驼铃悦耳的音调时，我感到一阵嫉妒。“咚，咚，咚”的声音，像大教堂的钟声一样清澈悠长。我带着满腔热血听着，直到捕捉到骆驼厚实的蹄子踩出的缓慢步伐，看到了它们隆起的身体和弯曲的脖子的黑色轮廓。噢，我和这些骆驼做了同伴，像马可·波罗一样旅行，在漫漫长夜里了解沙漠的心。那天夜里，我闭上眼睛之前，我发誓，等到战争结束，我可以自由地去想去的地方时，我会再次来到沙漠，正如那伟大的威尼斯人[1]来到这里一样。

① 指马可·波罗。——译者注

第二章

戈壁滩上的速度传奇

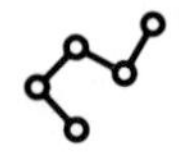

第二天早上，在离营地 10 英里的地方，我们遇到了一队俄罗斯人。他们闷闷不乐地坐在两辆大汽车旁，忙着修补轮胎，拧紧螺栓。他们的车子一路上都在出现故障，弄得他们筋疲力尽。想想看，他们开着未经试验的汽车，又没有熟练的修车工，冒险进入沙漠，该多么痛苦。有人问罗康德尔是否喜欢这个国家时，他的中国伙计简洁而完整地总结了他的回答："这儿地方大。"

再往前走不远，我们就发现了半夜从我们身边经过的商队。他们在一口井旁扎营，口渴的骆驼狼吞虎咽地喝水。如果没有这些井，穿越沙漠是不可能的。这些井有四五英尺宽，用木材围起来，半遮半露。有些地方的水虽然微咸，但总归是凉爽的，因为它至少深达 10 英尺。无法推测这些井是谁或何时挖的，因为这条小路已经使用了几个世纪。在一些地区，每隔五六十英里才有一口井，不过通常不会相隔那么远。

骆驼商队大多在晚上行进。尽管骆驼体型高大，外表强壮，但它们其实是一种娇弱的动物，需要悉心照料。它们受不了正午阳光的炎热，晚上也不吃草，因此戈壁滩上的商队大约下午三四点才出发，一直走到凌晨一两点。而后，人们扎营休息，骆驼则睡觉或在草原散步徘徊。

第二天中午，我们到达了滂江[1]，这是我们在路上见到的第一个电报站。几英里开外我们就能看得见这座泥房子，我们欣喜无比。科尔特曼先生用车运来了大量的物资等着我们，车上的每一寸空间都塞满了罐头，我们距离库伦只剩下四分之一的路程了。

距离滂江不远处有一个喇嘛寺，喇嘛寺建在公路旁边，寺庙的围墙是白色的，将红色的喇嘛生活区围在了墙内，与开阔的草原形成鲜明的对比。我们在几码[2]外的一口井旁停了下来，5 分钟后，一群身着华服的喇嘛骑着马在草原上围在了我们的车旁，黄色和红色的长袍在阳光下显得特别艳丽。他们很友好，事实上太过友好了，他们的好奇心让人感到不舒服，我们发现他们其中一人竟然在轮胎上试他的刀，另一个即将把一个汽油罐扎穿，他定是心想，油箱里的东西比水可好喝多了。

到目前为止，这次的戈壁之行都不算太糟。不过我相信，接下来的一百里路将截然不同，因为我们即将进入卡拉根和库伦之间最干旱的沙漠地带。科尔特曼许诺我的刺激的射击体验，我们准备好接受真正的挑战了。

有人说，我们应该能看到成千上万只羚羊，但我在高原上找了一整天，也没有看到羚羊的踪迹。距离滂江十英里远的地方，我们在一条平坦的路上平稳行驶，科尔特曼太太的眼睛像鹰一样敏锐，兴奋地指着右边离小路不到一百码的小丘。起初，我只看到黄

① 滂江，位于今天苏尼特右旗，清康熙年间在此设立台站。——译者注

② 1 码约为 0.9 米。——译者注

色的草地，然后发现整个山坡似乎都在动。过了一会儿，我开始分辨出头和腿，这才意识到我眼前是一大群紧紧地挤在一起的羚羊，它们不安地看着我们。

我们马上拿起步枪，科尔特曼踩下油门。羚羊在五六百码外，我们的汽车向前飞驰，它们自动排成一列，准备穿过平原。我们立即驶离马路，斜着向它们冲过去。出于某种奇怪的原因，当一匹马或一辆车与一群羚羊并驾齐驱时，这些动物会在追逐者面前，呈完整的半圆形横穿过去。一些非洲物种也是如此。我不敢说它们是否知道自己切断了逃生路线，但事实是，虽然两边都是开阔的平原，它们总是试图“横穿车头”。

我永远不会忘记这不可思议的生灵在沙漠中穿越的景象！它们至少有一千只，黄色的身体掠过大地。我激动地大喊，但科尔特曼说:“它们还没开跑呢，跑起来我们再开枪。”

我看到汽车的迈速表在 35 英里处摇晃，我简直不敢相信自己的眼睛，和羚羊比起来，我们表现逊色。但随后，致命的吸引力开始显现，迈速表指针逐渐向我们的方向转。科尔特曼大幅加速，把速度拉满，我们的速度达到了 40 英里，汽车开始展现优势，羚羊不断横穿过我们车前。

当羚羊距离我们只有大约 200 码远时，科尔特曼放开油门，踩下刹车。羚羊趁机跑出 100 码远。我跳过一摞铺盖，刚落地，就拿起我的点 25 口径萨维奇高速步枪开枪。科尔特曼先生在前风挡玻璃旁举着他的点 35 口径毛瑟枪开枪。第二声枪响时，眼前的羚羊像灌了铅一样倒下。我的两颗子弹都严重打偏，打在猎物身后的地上，但第三颗子弹从侧面正中一只正在吃草的成年母羚羊。

我这才明白科尔特曼先生说的羚羊还没开始跑是什么意思。第一声枪响的时候，羚羊开始跑，看起来像扁平的长条。它们不是跑，而是“飞”过地面。我打死的那头母羚羊离我有 400 码远，我前进了 4 英尺后扣动扳机。它们的速度绝对不止每小时 55 英里或 60 英里，因为它们能从每小时 40 英里飞驰的车前，呈圆弧状横穿过去。

我可以想象，此时我的读者一定是皱着眉看这一段话的，在亲眼见到之前，我也有这个反应。但我说的都是实话，您大可尝试一番。想必作为探险家的读者看到这一段话会发笑，这是出于其他的原因。我在这里提到我杀死的羚羊距离我有 400 码远，我之所以知道它距离我有多远，是因为我后来用步子测算过。顺便说一句，我以前从未在那么远的距离射杀过一只奔跑的动物。我在 150 码内射击有九成把握，但在蒙古草原情况就特殊了。

在明亮的环境里，400 码以外的羚羊看上去和其他国家 100 码以外的羚羊一样大，而且草原上没有阻挡视线的灌木，一望无垠，一块孤零零的小石头都像草地里的高尔夫球一样显眼。在这样的情况下，你无法正确判断射程，即使动物已经远超射程，你也会怀着侥幸心理开枪，所以在蒙古草原打猎一定要带大量弹药。我们将捕杀到的羚羊绑在车踏板上，而后返回大路。罗康德尔先生早已在那儿等着我们了，虽然一半的羚羊从他面前经过，但他一只也没捉到。

冷静下来之后，我开始明白眼前到底发生了什么：我们的车正在以每小时 40 英里的速度飞驰，而羚羊竟然超过了我们。我惊讶于这一发现，因为我从未想到一只活物能跑得如此之快，这对于美国自然历史博物馆馆长亨利·费尔菲尔德·奥斯本而言也是一个重要发现，他在这一发现后着手于不同种群动物蹄部结构与其奔跑速度之间关系的调查研究。在科尔特曼先生的帮助下，我相信我得到了可靠的调查数据。

这次经历是我们首次考察中唯一一次针对动物蹄部结构与奔跑速度关系研究的机会，不过我们在次年的考察中进一步加深了这一方面的研究。后来在我们每次疯狂地追击单只或一群羚羊的过程中，我一直盯着汽车的计速器，因此我有信心说我们的观察数据是可靠的。根据我们的观察，毫无疑问蒙古羚羊的奔跑速度可以达到每小时 55—60 英里，这或许是它们可以达到的最快的也是冲刺初期的速度，而后它们就降低到每小时 40 英里，很快它们的速度又降低到每小时 25—30 英里，接着它们似乎可以一直保持这个速度。只要能与我们保持距离，它们就没有必要加速。当我们踩油门的时候，它们也跟着加速。只有当我们开枪射击的时候，它们才开始真正恐慌起来，尽其所能活下去。

我清晰地记着曾经我们遇到的一只“运动健将”，开始的时候它几乎就在道路的对面，正在以每小时 35 英里的速度奔跑着，我们的车与它保持同样的速度，然而它却想稍微加速以便跑到我们车的前头，于是科尔特曼先生便将我们的车速加速到每小时 40 英里。这只羚羊似乎惊呆了，又做了一次加速，科尔特曼先生也将车加速到了每小时 45 英里。这样的速度大概是足够了，我们就不再加速，然而这只羚羊竟然划过一道长长的弧线跑到了我们的车前，将我们甩出百码之外！

不过我们为这只“运动健将”准备了另一个惊喜，科尔特曼先生突然关闭油门，双脚踩着离合器和刹车，车子还没完全停下，我们就开枪了，最初的两颗子弹从它背后擦身而过，第三颗子弹打在了它双腿之间的地上。这只羚羊被这突然的袭击吓到了，它调整状态跑到了自己的极限，四散的子弹让它继续跑了600码。半路上它遇到一只野兔，但是野兔完全追不上它。我最后一次看向那只“运动健将”，那里只剩下一片飞扬的黄色尘土。

追逐带来的兴奋为我们不久之后要开展的艰辛工作做了铺垫。每走一英里，路况就越差，最后我们步上了一条漫漫沙路，汽车是无法通过沙地的。除了司机以外的每一个人都下车，到后头推车，每当我们推一次车、抬一次车，车就又能行进几英尺，过程颇为艰辛。这样的状况一直持续了两小时，这时候的我们几乎筋疲力尽，就算到路面坚硬的地方，地面上也坑坑洼洼的，我们的手臂几乎要因此扭伤了。

比起其他通往库伦的道路，这里更接近沙漠地带，主要以沙土路为主。这里的植被干燥稀疏，有几棵戈壁灌木和低矮的草，也算是有植被覆盖。从远处望去，很像起伏的草地。

我们终于看到了第一个蒙古族人，十分兴奋。他们每个人都值得让艺术家研究一番。他穿着一件紫红色的宽松长袍，长袍的一角别在华丽的腰带中。他的头上戴着一顶形状像茶托的别致的帽子，帽子后部边缘系着两条红色飘带。如果他身份更高，则换成一缕孔雀羽毛。

他脚上穿着一双尖头的皮靴，通常会大很多，为了在天气变冷的时候，便于塞进去厚重的羊毛袜或动物毛皮。穿着这种笨拙的鞋几乎无法走路，所以他像鸭子一样蹒跚而行，显得既不舒服也不

漫漫长路的尽头

自在。但如果他是骑着马，那将是一幅完全不同的画面。高高的马鞍和马本身成为他身体的一部分，他会愉快地在马上待几乎一天。

蒙古族人踩着短马镫，坐得笔直，贴着马脖子，像我们的西部牛仔一样。当他们穿着漂亮的长袍骑马全速奔驰时，散发出独特的草原精神。他们是如此和蔼可亲，乐于助人，总是准备愉快地微笑，愿意在阳光下冒险，他们立刻赢得了我的心。

最重要的是他们喜欢比赛，往往他们中的一个人会来到车旁，带着灿烂的微笑，做手势说他希望和我们比速度，然后他会像疯了一样，鞭打他的马，开心地叫喊。我们总会故意让着他，他脸上的喜悦和胜利的表情是值得一看的。有时，如果路况不好，那就需要消耗一盎司[①]的油让车前行。矮马是天造的健儿，蒙古族人总是选择最好的马儿，而且让马儿非常卖力地奔跑，因为马在蒙古地区是很便宜的，当一匹马儿再也不能飞速奔驰时，总是有另一匹准备好替换它。

你会喜欢蒙古族人，不仅仅因为他们能激发你对于他们满腔热血与阳刚气概的崇拜，也是因为他们喜欢你。事实上，他们从不掩饰，他们的坦率开放让人着迷。我相信一般的白人在与蒙古族人交往中，比起与其他的东方人，能够更容易地与之熟悉起来，甚至更快地形成亲密友好的关系。

乌德[②]是前往库伦路上的第二个电报站，这里只有两个泥屋和六个蒙古包，随意散落在锯齿状的小山包后面。

离开乌德后，我们很快通过了一连串的丘陵和平原，进入了

① 1盎司约为29.6立方厘米。——译者注

② 乌德，今天的蒙古国边境城市扎门乌德。——译者注

一个广阔而平坦的草原，一眼望去，草原似海洋一般宽广。这里没有任何一座小山包或稍微地隆起地面打破那天地相会之处的蓝色薄雾。我们的汽车就像是在无边无际的长满草的海洋里航行，这片海有 60 英里宽，三小时里嗡嗡的马达声几乎未曾停过，因为道路是如此平坦与结实。半路上，我们看到一大群羚羊，还有一些十来只羚羊组成的小一点的羊群，它们与我们之前捕到的品种不一样，我还看到一只很漂亮的雄羚羊。两只狼穿过草原，其中一只对我们显得特别好奇，我对它们开了几枪，我永远忘不掉这情景。

这一路上，最让我感兴趣的除了野狼，就是大鸨了。那是一种大型的鸟儿，体重从 15 磅[①]到 40 磅不等，鸟肉的味道是如此微妙，可以与我们最好的火鸡相媲美。我一直想捕杀一只鸨，我捕杀到的第一只鸨是我从 200 码开外用萨维奇步枪射杀的，这比射杀羚羊更让我高兴，也许是因为在狼群出现的插曲后，它们的出现振奋了我的精神。

沙鸡是一种美丽的小灰鸟，翅膀像鸽子，厚实的爪子非常显眼。我们沿路行驶时，它们总是快速掠过。我一直很遗憾，因为错过了很棒的射击机会。但我们没有时间停车，除非它们正好停在车前。

我要提一下距离库伦约 170 英里的叨林[②]大喇嘛寺。到达大喇嘛寺的几小时前，我们看到天际线下清晰可见的起伏的小山丘。尽管小山丘本身高度不超过 200 英尺，但他们是从平原上方的岩石高台拔地而起的。在这个野性的地方，一些强大的力量从地球表面

① 1 磅约为 0.45 千克。——译者注

② 叨林，清末张家口到库伦电报线的站点，今天的乔伊尔。——译者注

爆发出来，推起一块形状不规则的岩石核心，风霜雨雪像刀子一样把它刻画成奇异的形状，这个自然的战场是我见过最壮观的人类聚集地。

在碗状山谷里有三座寺庙，周围是上百个涂成白色和红色的“小药盒”，那是喇嘛的住所。这里肯定有一千个“小盒子”，而喇嘛的数量是它们的两倍。在“城市”的南部边缘堆放着僧人收集来的干粪，这些干粪是虔诚的旅者留下的祈愿供品。活佛之城是如此巨大，以至于似乎需要所有的这些干粪，乃至更多的干粪，在严冬地上积雪的时候为喇嘛的住所供暖。北方的群山环抱着这些半原始的家园，人们选择在这个荒凉的沙漠堡垒里度过一生。他们的房子是用木板建造的，这是我们正在接近一个森林之国的第一个迹象。

前往库伦的最后 170 英里令人舒畅，即便对于那些喜欢城市道路的司机而言也是如此。叨林的道路就像一条林荫大道，壮丽迷人、连绵起伏的山丘上长着高高的青草。远处成群的马儿和牛儿组成了一块移动的补丁，肥尾羊像草原上的点点积雪。我很少看到这么好的牧场。然而几年后，铁路将不可避免地占据这里，这片丰饶的土地不会久留。在这里，我们看到了第一只旱獭，这个屡试不爽的迹象告诉我们：我们在一个北方的国度。

在我们还未拐进库伦山谷的时候，雨夜那浓厚的黑暗将我们包裹。我们摸索着经过库伦河边，开向那闪烁着灯火的圣城。我们似乎永远也找不到正确的道路，我们两度拐错弯，发现自己陷入了一片以沙为底，由一片稀松的树林构成的迷宫之中。晚上 10 点，我们穿过一条狭窄且泥泞的街道，开进了蒙古贸易公司的院子里。

科尔特曼先生的前合伙人奥斯卡·马门和他的妻子马门太太已

经在这里居住多年，A.M. 古普第尔和来自北京的普赖斯已经在他们这里做了六个月的客人了。古普第尔是美国军官，普赖斯是美国驻华公使馆秘书助理。他们到库伦是为了和美国驻伊尔库茨克领事取得联系，他已经失联一个月了。

库伦最近有发生战争的可能性。在西伯利亚的贝加尔湖地区有几千名马扎尔人[①]和布尔什维克人[②]。众所周知，捷克人意图攻打马扎尔人与布尔什维克，那么他们倘若战败，定会越过边界进入蒙古地区。在这种情况下，蒙古地方政府的态度会是什么样呢？是阻止交战，抑或是允许他们把库伦作为军事基地？

事实上，这个问题在我到达之前就已经解决了。意料之中，捷克发动了大约 500 人的攻击；几千名马扎尔人投降了，而布尔什维克像日出时的薄雾一样消失不见了。这次军事行动的前线在晚上向鄂木斯克地区推进了近 2000 英里，可以肯定的是蒙古地区将保持和平。普赖斯先生的工作也完成了，从库伦到伊尔库茨克的电报联络又投入了使用，库伦与北京的联络也因此达成。

我到达库伦的次日早晨，古普第尔先生和我骑马去镇上。我从未去过反差如此之大的城市，也从未有过这样一个城市让我想再去一次。回程路上，我们也的确再去了一次。在未来的章节中，我将会告诉您我们在那里发现了什么。

---

① 马扎尔人（匈牙利语：Magyarok），是指居住于匈牙利的民族。——译者注

② “布尔什维克”是俄文“多数派”的音译。布尔什维克人是列宁创建的俄罗斯无产阶级政党的党员，发动十月革命颠覆原沙俄政权，建立苏维埃俄国。——译者注

蒙古南部地区的妇女

第三章

倒霉的一章

这是“倒霉”的一章，虽然坏运气的故事并不总是那么有趣，但是我写这个章节是想让大家看看在戈壁滩上开车会遇上怎样的麻烦事。我们去了库伦，一路上，车胎都没有被扎破，这让我开始感觉，在蒙古高原开车如同在第五大道上开车一样轻松，路上没有交通警察，因此无需靠右行驶。戈壁沙漠上更没有交通拥堵。即使在路上遇到骆驼商队或一排牛车，也有足够的空间通过，四处可见的奔跑的动物让道路变得四通八达。

不过，我们的发动机一直“呜呜”作响，由于修车的地方太过遥远，我们反而不急着寻找。在回程的路上，情形变得大不相同，要知道，沙漠中独自行进的汽车出故障是很严重的问题。除非你是一个机械专家，还随身带着各种各样的备用零件，否则，你要步行三四十英里才能到最近的水源，在那儿等待很多天才会有人来帮助你。

然而我们很幸运，科尔特曼和古普第尔对汽车的“内部”几乎了如指掌。在查明问题之后，他们能用锤子和螺丝刀解决几乎一切问题。

到达库伦的四天后，我们踏上了返程的路，查尔斯·科尔特曼带上普赖斯先生、科尔特曼太太和马门太太一同踏上行程。在古普第尔先生的精神和物质帮助下，我驾驶了第二辆汽车，后座上坐着一名受伤的俄国哥萨克人和一名法裔捷克人，他们都是信使。第三辆车是木质车身的福特汽车，这样的设计是为了有更多的承载空间，但它看起来像一堆矮草垛，几乎可以被称作“痛苦之盒”。司机老王载着马门家的中国男仆、阿妈和各种各样的行李。

早上出发的时候，天灰蒙蒙的，一阵刺骨的北风袭来，甚是寒冷，预示着下个月整个蒙古地区都将进入寒冬。我们向东穿过山谷，到达横跨图拉河[1]的俄国大桥，沿着商队小径向南驶去卡拉根。

当我们到达第二座长山脉的顶峰时，在穿过冰川的寒风中，汽车马达传来刺耳的撞击声，随后便是持续的“砰”“砰”“砰”的声。“肯定是连接螺杆出了毛病，”古普第尔说，“我们必须停下。”他爬到车下，发现判断正确，他又说了些让自己放松的话。

除了用备用连接螺杆替换原来损坏的零件外，我们别无他法。在寒冷的三小时里，古普第尔和科尔特曼躺在车底下修车，我们其余的人只能在旁边提供一些力所能及的帮助。然而，一阵冰雹猛烈地向我们袭来，让我们的处境雪上加霜。直到下午 3 点，我们才继续出发。那天晚上我们的营地距离库伦仅有 60 英里。

第二天，当我们经过叨林时，捷克人给我们指了指他躺了三天三夜的地方，当时他锁骨骨折，肩膀脱臼。那天，他带着重要公文，乘坐一辆中国公司的载客汽车从伊尔库茨克出发，这家公司艰

① 图拉河，也写作土兀剌河、土兀拉河，今蒙古国境内的土拉河。——译者注

难地维持着库伦和卡拉根之间的客运服务。当地人出身的司机以每小时 35 英里的速度急驰着，超过了每小时 20 英里的限速，导致前轮打滑，汽车翻了个底朝天，一人死亡，捷克人则受了重伤。三天后，另一辆汽车将他送回库伦，醉醺醺的俄国医生将他断裂的骨头固定得很糟糕。这位哥萨克人在俄国前线的激烈战斗中中了两枪，他的伤口仍未完全愈合，但他刚刚骑了 300 英里的马，向北京递送了急件。

我的两个乘客都很高兴逃离了当地人开的汽车，因为他们经常出事故。在库伦，每年都有十几辆汽车被撞得粉碎，变成一堆散落在路边的扭曲金属。这些事故大多与司机脱不了干系，虽然这些人可以驾驶汽车，但是没有学习过机械知识，全然不理会汽车发出的危险信号。此外，所有的当地人都爱秀车技，司机们喜欢在本应格外小心的路上飙车。另外，深深的车辙也是一种持续的危险，虽然车辙之间的道路通常很平整，但是，一块石头或一个草丛都可能使前轮陷入车辙并导致翻车。不过，即使再小心，事故也难以避免。在蒙古高原驾驶汽车时刻伴随着危险和刺激。

第二天下午 3 点左右，我们看到身后拖着沉重步伐的“痛苦之盒”发出急迫的信号，看来是右后轮坏了，汽车再也走不动了。在查尔斯修理轮子的时候，我们只能原地扎营。古普第尔和我跑了 20 英里寻找水源却一无所获，于是，我们均分了剩下的水。到第二天早上，当我们喝完仅剩的水的时候，我们发现中国随从为自己多准备了两瓶水。这个教训让我在次年夏天受益匪浅。

第三天中午，“痛苦之盒”继续艰难地行进。我们到达叨林南部大草原中的水井时，才发现那个水井已经被废弃了。因此我们来到沙漠中部的乌德电报站给马门发了电报，让他从库伦带一个备用轮胎。

第四天，我们的汽车连接螺杆又出了问题，我们在一口井旁等了两小时，汽车被拆开又拼装起来。这件事不再是玩笑了，尤其是对修车的科尔特曼和古普第尔来说，现在的他们满身污垢和油渍，都快认不出来了，他们的手被割伤，磨出了水泡。但是他们勇敢地坚持了下来，汽车每出一次故障，古普第尔的话语就越来越激动。

在乌德到滂江的路上，我们看到了两辆汽车从南面驶来，我们确信车上坐的是外国人。他们的车停在我们旁边，一个高个子年轻人走到我们的车前。他说："我是兰登·沃纳。"我们握了手，好奇地看着对方。沃纳是宾夕法尼亚博物馆的考古学家和馆长。十年来，我们在一半的东方国家玩捉迷藏的游戏，似乎注定不会碰面。1910 年，我乘船到了琉球群岛一个古朴的小镇那霸。那里远离尘世，很少有外国人能够找到这个地方。1854 年，佩里司令在华丽而又古老的首里宫与那霸国王谈判有关签订条约[1]的事宜。就在我到达的几个月前，兰登·沃纳在一次收集之旅中来到此地时，当地人还没有停止谈论那个用新篮子换走他们旧篮子的陌生外国人。

不久后，沃纳先于我到了日本。1912 年我跟随他的脚步到了朝鲜。1918 年我到阿拉斯加时，我们的道路出现了分歧，但是我

① 1853 年 5 月 26 日（咸丰三年四月十九日），美国司令马休·佩里初次率"萨斯凯哈那"号巡洋舰等四艘美国军舰进入那霸港，5 月 28 日会见琉球国总理官摩文仁按司尚大模。1854 年 7 月 11 日（咸丰四年六月十七日），美利坚合众国与中国藩属琉球国签署《琉美修好条约》。——译者注

在中国再次遇到了他的足迹。1916 年，就在我和妻子动身前往云南前，我在波士顿错过了他，当时我在哈佛大学发表演讲。十年后，我们竟然第一次在戈壁沙漠中相遇，真是太神奇了。

沃纳正与两名去伊尔库茨克的捷克官员去库伦。我们告诉他们最新战况，他们愤怒地意识到，如果他们再等两周，就可以乘坐火车了，因为捷克人在外贝加尔地区对马扎尔人和布尔什维克人发起进攻，清除了西伯利亚铁路向西一直到鄂木斯克的危险。经过半个小时的交谈，我们向相反的方向驰去。沃纳最终到达了伊尔库茨克，但途中他和布尔什维克人还有过一些有趣的经历。直到去年（1920 年）3 月我才再次看到他，那时我们刚回到纽约，他就来我在美国博物馆的办公室拜访。

到达滂江的时候，我们以为车子的故障都修好了，没想到刚开出台站 10 英里，我的车就无法开过沙坑，最终发现是差速器出了问题，而且必须拆掉汽车尾部，科尔特曼和古普第尔几乎泄了气。因为我在日本有紧急的事情要处理，所以不能耽搁，我必须尽快赶到北京。最后查尔斯决定让我和普赖斯还有捷克人和哥萨克人一起开着他的车先走，而他和古普第尔还有两位女士则留下来继续修车。

普赖斯和我驱车回到滂江，多拿了些食物和水，并向卡拉根发出请求援助的电报。按照计划，我们第二天一早就要到达黑麻胡村的传教站。因此我们只拿了一点茶、通心粉和两个罐装香肠。

我们离那辆坏掉的车不到 5 英里的时候，就发现这辆汽车快没油了。由于走不了太远，我们只能选择等待从卡拉根来的救援。我们摇摇晃晃地驶上了山坡，看到了白色的帐篷和吃草的骆驼。对了，蒙古族人会取用羊的脂肪，为什么不用这种油呢？商队的领队向我们保证他有大量的羊脂肪，10 分钟后，一大罐脂肪被放在火上加热成油。

我们将这些油倒进了汽车的发动机里，然后愉快地上路了。但我们愉快的旅程又遇到了更严重的问题，我们一直在赶路，没吃早餐，此时，发动机里传来了烤羊肉的香味，我们这才发觉自己已经饥肠辘辘了。可是，干通心粉很难煮熟，香肠要留到晚餐再吃。整个下午，空气中一直弥漫着诱人的香味，我开始想象自己甚至能闻到薄荷酱汁的味道。

下午 6 点，我们看到了第一个蒙古包，并从那里买了一些干粪，这样就可以节省生火的时间了。车灯坏了，月光不够明亮，无法安全驾驶，所以我们在天黑后不久便停在了小山包的顶上。这样在早上发动机冰凉的时候，我们就可以把车推下山坡，节省时间和体力。

令我们气愤的是，我发现我们购买的干粪里混着许多泥土，这样的干粪是点不着的。我们试了半小时也没成功，最终放弃了。我们分食了冰冷的香肠罐头，对四个饥饿的人来说，这是一顿少得可怜的晚餐，我回到睡袋里，梦想着烤羊肉和薄荷酱汁。哥萨克军官喝不到茶，就像一个吃不到糖的孩子。他想睡觉，但辗转反侧睡不着。半小时后，我睁开眼睛，看到他趴在地上吹着一块干粪，他说干粪发出了微弱的火光。接下来的两小时，这个俄罗斯人一直小心翼翼地照着那团火，直到锅里的水煮沸，然后他坚持让我们都醒来，以分享他的成果。

第二天中午，我们到了传教站，负责此站的比利时牧师魏因茨

原始的交通工具和 20 世纪的交通工具

给我们准备了午餐，这是过去三十六小时以来我们的第一顿饭。捷克信使决定留在黑麻胡村，第二天再乘坐马车走，但我们立即开始骑马前往 40 英里外的卡拉根。下午 2 点开始持续降雨，不到半小时，我们浑身都湿透了。当我们艰难地爬上一条通往山口的长长的小山路时，我骑着的那匹丑陋的灰色小种马，突然踢了我的左腿，我还以为这辈子无法走路了。在山脚下，我们在一家客栈歇脚。那里的人说我们到不了卡拉根了，因为城门已经关闭，早上才开。我们除了在客栈过夜别无他法。他们只有一个用来烧火的草堆，煮

在戈壁滩的一口井边给骆驼喂水

完食物后就熄灭了。我们只能穿着湿透的衣服，又困又冷，彻夜难眠。

哥萨克人只会说蒙古语和俄语，而我们根本听不懂，无法将我们的计划告诉他。最后，我们发现一个会讲蒙古语的中国人，他同意做翻译。客栈的当地人不明白为什么我们无法和哥萨克人交流。难道不是所有的白人都说同样的语言吗？普赖斯先生努力解释说俄语和英语之间的关系和汉语和蒙古语一样，但他们只是笑着摇摇头。

第二天早上，我被灰色小马踢到的地方动弹不得，我只能艰难地骑到马背上，8 点钟我们就到达了卡拉根。不幸的是，哥萨克人把他的行李落在了后面的马车上，行李里还有他的护照，关口的警察不让我们过去。还好他们认识普赖斯先生，他提出以美国公使馆的名义为哥萨克人担保，但警察不满大清早被吵醒，拒绝让我们进入。

他们的态度显然很荒谬，我们决定自己来解决。我们在房子外围转悠，伺机而动，突然跳上马背。哨兵们试图抓住我们的缰绳却失败了，任由我们骑着马在街上飞奔。市中心还有另一个警察局，我们无法避开，靠近时，我们看到一队警察在马路对面列队，原来门口的人早就打电话叫人拦住我们。所以，当我们毫不犹豫地继续骑着马穿过那群穿着灰色制服的警察时，他们挥舞着手臂，大叫着让我们停下来。我们不管不顾，他们不得不跳到一边，以免被撞倒。这些警察试图逮捕我们的场景实在好笑，我们不由得哈哈大笑。想象一下，在第五大道无视交通警察的指令会怎么样！

尽管警官们知道，他们可以在科尔特曼先生的家里找到我们，但我们再也没有听到有关这一事件的后续消息。显然，这件事只是守门队长一时的恶意，根本不值得继续讨论。

在洗澡和剃须的奢侈享受之后，我们踏上前往北京的路。查尔斯和古普第尔在进城时遇到了麻烦。他们的车修不好了，无法继续行驶，而救援队误解了他们的意思，只走到了山口，在那里等待他们的到来。最终，他们不得不雇了三匹马把车拖到传教站，“倒霉”的事情才算告一段落。

我们的汽车撞死了一只蒙古羚羊

第四章 老路上的新旅程

1918 年到 1919 年的冬天，我们在北京这个世界上最有趣的城市之一进进出出。北京的历史以其壮丽的城墙、古老的庙宇和神秘的紫禁城，彰显着这座城市的特色。

离开了一两个月，我们愉快地期待回到这里，回到这座国际都市里我们的朋友身边。在无量大人胡同的房子里，一个小男孩和他尽职尽责的保姆正等待着我们归来。这个两岁的男孩似乎有着超凡的观察力，在充满花朵的庭院里发现了我们还未发现的青蛙和甲虫，他的身上似乎遗传了探险家的本能。

那年冬天让我们有机会去游览古老中国的许多地方。我们去了山东，紧接着穿越了河南和湖北两省，并在浙江的山中进行了一次鬣羚狩猎。

2 月，我们在蒙古地区夏季工作的设备已经随着商队踏上了穿过沙漠的道路。我们让商队带上了面粉、熏肉、咖啡、茶、糖、黄油和干果，这些东西在库伦的价格让人望而却步。骆驼运输的价格是 14 分一斤[①]，一袋 50 磅重的面粉送到库伦，价格也超过了 6 元[②]。

在卡拉根的好心人查尔斯·科尔特曼接管了所有运输事宜。冬天的时候，我们在北京见过他几次，与他共商再次穿越草原前往库伦的精彩旅程。

科尔特曼夫妇会随我们一同前往，天津的泰德·麦卡里夫妇也将同去。麦克[③]是康奈尔大学的足球明星，我在大学时代就听说过他。他将一套完整的德尔科[④]照明设备带到库伦，希望把它安装在“活佛”的宫殿里。

就职于北京公使馆卫队的一名叫欧文的士兵将为我们驾驶德尔科汽车，还有两个中国动物标本剥制师，陈（音）和康（音），以及我们的厨师和营地帮佣吕（音）。

陈是我从中华民国矿业顾问 J.G. 安德森博士那里借来的。事实证明，他是我所雇用过的最好的本地收藏家之一。科尔特曼和麦克两夫妇只在库伦停留几天，但他们使这次穿越蒙古草原的旅行成为我们这个夏天最愉快的旅行之一。

5 月 17 日，我们离开了卡拉根。麦克、欧文和我骑马走了 40 英里到黑麻胡村，而查尔斯驾车载着三位女士。现在，有一条绕远的路线，汽车可以不借助外力翻过山口，但科尔特曼更喜欢直达的路线。所以他雇了四匹骡子将汽车拖上山，到达高原边缘。

去年 9 月我也是沿着这条路走的。然而，当我站在山口的顶

---

① 1 斤等于 500 克。——译者注

② 本书货币“元”概指“银圆”。——译者注

③ 麦卡里（MacCallie）的昵称。——译者注

④ 通用旗下的零件厂。——译者注

端凝视着远处昏暗的群山时，我心里有些悲哀，因为我即将独自进入这一片新土地，而我的“最好的助手”正乘坐着汽轮从海上赶来，准备与我在北京会合。我不知道命运的旨意是否会把我们一起带到这里，让我们都能拥有这个奇异的浪漫与神秘之地的回忆，作为未来岁月中珍贵的财富。现在，这个梦想已经实现了，我从未满怀希望地进入一个新的地区，希望它能带给我什么。我的梦想从未如此完美地实现。

当晚，我们把行装放上车，第二天早上 5 点半出发。天空灰蒙蒙的，飘着几朵云。但到了 10 点的时候，太阳就出来了，我们慢慢从毛皮大衣里探出头来。

一路上没有我们去年秋天曾在山上看到的那些流动的金色地毯似的成熟谷物，取而代之的是身穿蓝色衣服的中国农民在犁自家棕色的土地。传教站周围的树木刚露出一丝绿色，这是它们经过漫长的冬眠，在春风的抚摸下苏醒的第一个征兆。路上已经有商队了，我们遇到了从外蒙古地区来的驮着行囊的骆驼，在经历了长途旅途后，它们终于快要到达终点了。但是，我们遇到的这些骆驼没有挺立的驼峰和满脖子的毛发，它们瘦得皮包骨，毛也秃了，只剩几块参差不齐的驼毛，像破旧的厚袄上的补丁。它们的驼峰又松又瘪，在行进过程中悲伤地拍打着它们硕大的身躯。

我们遇到的一个商队里，一名戴着圆顶礼帽的宽厚的蒙古族老人走出队伍示意我们停下来。他对着我们的汽车审视一番后，大笑起来并表示想和我们比速度。不一会儿他就声嘶力竭地大喊着，对骆驼瘦骨嶙峋的肋部拳打脚踢。那动物笨拙的腿像风车一样乱转，就是不往前走。但是蒙古族人还是设法让他那艘破旧的“沙漠之舟”与我们并排前进了几分钟。最后，我们让他赢得了比赛，他兴奋的表情我们走出很远还看得见。他向我们挥手说再见，然后慢慢地回到了商队里。

这条路比去年秋天好走多了。冬日里，骆驼宽大的蹄子留下的蹄印已经把钉满钉子的车轮在夏天留下的车辙填平或磨没了。骆驼几乎完成了冬天的工作，几周后它们将把道路留给商队的牛和马，并在接下来炎热的几个月里无所事事，顺便在它们的大驼峰中储存大量的脂肪。

这里的鸟类比我在去年 9 月看到的还要多。鹅已经都飞到了北方，准备散落在各处繁殖，成千上万的蓑羽鹤在这里抢占地盘。它们忙着在春天求偶，似乎失去了所有的恐惧。一对蓑羽鹤，在我们的车离它们不到 20 英尺，几乎要将它们碾过去的时候，才飞离地面。另一位出色的雄性蓑羽鹤为它的准新娘表演了一场求爱舞蹈，它对我们的车毫不在意。它展开一半的翅膀，在这位女士周围旋转跳跃，而雌鸟纤细的蓝色身体上的每一根羽毛都对它的热情诉求表示出无限的厌倦和冷漠。

即便在最小的池塘里，也可以看到赤麻鸭、绿头鸭、琵嘴鸭和水鸭。在我们歇脚吃午餐的小旅店外，湖边跑过长着天蓝色腿和细长弯曲喙的反嘴鹬。经过旅途中最后一个村落的时候，我们在草原上最大的乐趣就是射击地鼠（地鼠属蒙古黄鼠）。杀死它们并不容易，因为它们即便已经半死不活，也总能很快地溜进地洞里，我常常不得不像小猎犬一样挖洞，把它们拉出来。

我们捉到了 18 只地鼠，4 点半的时候我们在此扎营，以便标本剥制师有足够的时间剥下它们的毛皮。空气中夹杂着一点雨，我们搭起帐篷以防不备，但此时大家都不想在里面睡觉。麦克建议我们在蒙古草原上也要使用电灯。半小时后，他在帐篷里架好电线，把一盏弧光灯挂在柱子上。这是一次非凡的经历，我们眼前是帆布墙，耳边是狼的哀嚎，却像在城市里一样用着电灯。就算在第五大道上，也没有一盏弧光灯比戈壁沙漠上的那盏更明亮，因为在这片沙漠上，以前从未有过这样的灯光。汽车偷走了草原的圣洁，电灯只不过是蒙古地区的神秘感消逝的另一个证据。

通常，我们一扎营就几乎立即能看到蒙古族人在夜空下的黑色影子朝着我们靠近。我们永远猜不到他们从哪里来，方圆几英里内人迹罕至，他们就好像从地里冒出来的一样。也许他们已经在我们视线之外遥远的山脊上骑行良久，抑或是发动机的轰鸣声穿过数英里的草原传入他们的耳朵；也许是这些沙漠的孩子心中有特殊的直觉，引导他们成功寻找到水源，找到丢失的马儿或他们的同类。无论如何，几乎每天晚上都有蒙古族人骑着他们强壮的矮马来到营地。

今天晚上，我们准备了一个特别的庆祝活动，却没有观众到来。真是一个悲哀而又令人失望的结果，因为我们都想知道电灯炙热的光会对这些蒙古草原的苦行者产生什么影响。我们不相信当地人没有看到我们帐篷的光亮，也许他们认为这是神灵显形，需要避开。在我们蜷缩在毛皮睡袋里一小时后，两个蒙古族人骑马进入营地，但我们太困了，无法进行烟火表演。

第二天中午，我们到达了滂江，发现努力维持卡拉根和库伦往返客运服务的中国公司在电报站旁建好了一个大泥房子和一个宽敞的大院。中国政府也驻扎在此，定期派车到蒙古地区首府，为北京至绥远铁路的支线服务。去年 9 月，我们从上海怡和洋行的外国代表马西森·哈尔丁那里买了六辆车，他立刻发现中国人的一大问题是没有称职的司机。

我们一直保持警惕，寻找路上的羚羊，但一只也没看到，只看到一只在晴空下看起来特别大的狐狸，以至于我们所有人都确信那是一匹狼。滂江平原上倒是一直有羚羊，我们一离开电报站，就装好了来复枪的子弹。当车上的人都示意我回到车上时，我正在和一大群金鸻赛跑，原来距离道路几百码外有一头漂亮的羚羊。地面像柏油路面一样平整而坚硬，我们以每小时 40 英里的速度向前冲去。这只动物下定决心跑到我们前面。查尔斯猛踩油门，汽车加速到了每小时 48 英里。这头羚羊正竭尽全力“横穿我们车头”，但它差得太远了，有几秒钟，如果它不改变方向，我们肯定会撞到它。这场比赛太刺激了，伊薇特紧紧地抓住我的外套，因为当查尔斯踩下刹车的时候，我正坐在车边准备跳车。如果不是查尔斯开车，我可能会太紧张而无法享受这次旅程，但我们对查尔斯出色的驾驶技术都很有信心。

羚羊在我们面前不到 40 码的地方穿过马路，跑到小山丘顶上。查尔斯和我都开了一枪，羚羊在尘土中转了半圈，消失在山顶后面。我们原本希望在小山丘后面看到它的尸体，结果什么也没有。我不敢相信我的眼睛，平原上没有任何生物的痕迹，一直平整地延伸到地平线，羚羊像被魔术师的口袋吞没了一样。

麦克并没有参加这场有趣的比赛，因为那是一个人的比赛。15 分钟后，我们进行了一次“全民运动”，他也获得了入场机会。

以下是伊薇特的日记摘录，这里记录了她对于这次比赛的印象：

有人指着遥远的地平线上移动的斑点，一会儿，我们的车离开了公路，开始在草原上行进。我们距离目标越来越近，速度越来越快，羚羊在我们面前排成一条长长的黄线。迈速表上显示的速度在不断上升，30 英里，35 英里。罗伊坐在车边上，他双腿伸出，手里拿着步枪，准备在刹车时跳到地面上。正在开车的科尔特曼先生踩了刹车，但是兴奋的罗伊以为车子已经停下来，跳得太早，猛地摔在地上。我几乎不敢看发生了什么，但不知怎么的，他翻了个跟头，跪在地上，并立刻开始射击。科尔特曼先生在风挡玻璃旁对羚羊开了枪，他的双手因用力而颤抖。随着第一颗子弹的射出，羚羊们掠过草原腾空而起，六颗子弹全打在了羚羊群的后头。随着罗伊再发一枪，其中一只羚羊倒下了。

这是一场精彩的射击，距离达到 420 码。不，这不是女人对数字不准确，这是事实。蒙古地区的空气非常清透，每一个物体都仿佛被放大了六倍，沙漠里明亮的空气总让人产生错觉。我们曾经以为一头羚羊正在山坡上吃草，科尔特曼先生却轻蔑地说："呸，那是一匹马。"但讽刺的是，当我们走近的时候，那匹"马"其实只是一副惨白的骨架。而且，最可笑的是，我的丈夫曾经在很远很远的地方把我误认为是电报杆！这个牛皮大王一定会有很多关于蒙古地区的奇妙故事要讲！

我们还没走到路上，就在一座小山的斜坡上发现了一大群羚羊。当汽车载着我们翻过山顶时，我们可以看到四面八方的动物，它们成对或十到四十地进食。

商队的淡水桶

我们一致认为，没有比这里更适合拍摄和扎营的地方了。可惜，瞪羚过冬的毛已经褪去，身上的毛皮除了用于研究以外毫无价值。然而，我确实需要一些骨骼，这样我们击杀的动物就不会被浪费了。

下午 4 点的时候，帐篷已经搭起来了，但拍照已经来不及了，因此拍照被推迟到第二天。我们朝着天际线上的一群羚羊跑去，在每个人都击杀了一只后，大家一致认为我们的猎物数量已经足够了。我在第一次捕猎途中就捕到了一只，因此之后我把时间花在观察羚羊的奔跑速度上。

很快，我们的车速一次又一次达到每小时 40 英里。不过，即使我们起始速度相等，羚羊也能够跑在前方并“横穿我们车头”。其中一只羚羊的前腿以下的部分摔断了，因此我们只好把速度降到每小时 35 英里，继续追逐。我估计，即使是残疾的羚羊，其奔跑速度也不低于每小时 25 英里。

我的野外笔记中记录了麦克在下午晚些时候射击最后一只瞪羚的相似经历：

当我们跑向另一群羚羊的时候，它们站在一片长长的土垄上，这群羊大概有 14 只。当汽车接近它们的时候，它们高昂着头小跑，显然在分辨我们是这片草原上的哪类动物。太阳刚刚落下，我将永远不会忘记那画面，它们优雅的身影在晚霞映衬的玫瑰色天空下呈现出黑色的轮廓。它们中间有一只雄性羚羊看起来很紧张。男人们跳出来射击时，距离它们有 250 码，不过麦克第三枪就击中了它。在开车追赶它之前，它一次又一次地跑起来又停下，尽管它脱离了大部队，但只落后了一小段距离。这头羚羊的右前腿已经断了，但在汽车每小时 25 英里的追击下，它仍然跑在车前。路况并不好，我们开了 2 英里也没有追上 1 英寸，直到稍微平坦一点的地带，我们才提速到了每小时 35 英里。在大约距离它 100 码远的地方，我跳下车向这只动物开枪，断了它左边的另一条前腿。即使有两条腿受伤，它仍然以每小时 15 英里的速度继续奔跑，为了结束这场不幸的战斗，我还需要第三枪。我们发现它两条腿下面都断了，它一直在用断肢奔跑。

35 磅重的鸨

第五章

羚羊电影明星

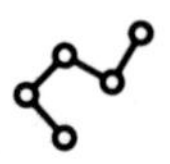

早上 8 点钟，我们吃完早餐。不过我们要等到太阳升起后，才能开始拍摄，否则视野不够清晰。查尔斯·科尔特曼和我把三脚架牢牢地固定在其中一辆汽车上。麦克太太和中国司机王坐在前排座位上，我和伊薇特挤在摄像机旁边。科尔特曼夫妇、麦克和欧文在另一辆车上。我们在离营地不到 1 英里的地方发现了一群羚羊，汽车驶近时，它们排成优美的队形奔跑。这将是一幅精彩的画面，尽管这两辆汽车是同一品牌，但它们的速度差异很大，我们和前车的距离越来越大，追了几次都没追上。我们把摄影机放到了动力更强的车上，三位男士和我一辆车，女士们转移到王的车上。

最后一群羚羊消失在一座小山上，当我们到达山顶，看到它们分成四组，分散在山下的平原上。我们选择了最大的一群，大约有 50 只羚羊，然后以最快的速度朝它们驶去。当我们还在几百码开外的时候，羚羊群就分开了，但是大部分羚羊还在我们前进的路上跑来跑去。地面上长着稀疏矮小的丛生禾草，我们开到了每小时 35 英里，汽车就像狂风中的船一样在草丛中颠簸。我试着站起来，但两次都差点被抛到车外，于是我放弃了，只能跪在后座上操作摄影机。麦克坐在我的左腿上将我固定住。我们为第一群羚羊拍了100英尺的胶片，在追逐其他三群羚羊的过程中又拍了200英尺的胶片。但油箱快没油了，我们决定返回营地。

不幸的是，由于我没有装新的胶片，因此错过了在平原上可能拍到的最不寻常、最有趣的片段之一。帐篷映入眼帘时，一匹狼突然出现在草坡顶上。它看了我们一会儿，然后开始轻松地慢跑。虽然我们的车很可能因为没油困在沙漠里，但是我们还是无法抗拒这个诱惑。

地面平坦坚硬，迈速表显示时速为40英里。我们很快就赶了上来，但是在3英里的路程里它给我们带来了一场精彩的追逐战。当我们翻过一座低矮的小山时，正前方突然出现一大群羚羊，距离我们不超过200码。狼径直向它们冲去。这群羚羊惊慌失措地看到它们的天敌后面还跟着轰鸣的汽车，它们疯狂地四散开来，然后掉头横穿我们前面的道路。狼冲进羊群，像一把刀割开羊群。一些羚羊掉头跑开，但另一些继续向我们这边跑来，我甚至以为我们会撞到它们。羊群跑到离汽车不到50码时，它们突然转身，沿着狼的方向飞奔。

更令人兴奋的是，一只肥胖的黄色旱獭似乎突然失去了理智，用它的短腿所能跑的最快速度在平原上奔驰，直到想起地下才是安全的，才猛地像台球一样钻进了自己的洞穴。看着这些神奇的生物在车前逃窜，我们觉得自己好像闯入了一个动物园。

这时狼也顾不上羚羊了，因为它自己也遇上了麻烦。我们几乎要追上它了，我甚至可以看到它那布满泡沫的上下颚之间的红舌。它突然直角转弯，以躲避我们，还好查尔斯的驾驶技术高超，才没用左前轮撞到它。我们还没来得及转弯，那只狼已经跑了 500 码，但它几乎筋疲力尽了。又跑了 1 英里，我们就追上了它，科尔特曼探出身子想用手枪射击。第一颗子弹击中了它的后背，使它翻了个身。它再次躲避，却正好迎上了麦克的步枪，他一枪打断了它的脊背。这只野兽露出满是血迹的丑陋牙齿，狠狠地盯着我们，像是在说："该你们了，但不要靠得太近。" 如果它是除了狼之外的任何动物，我都会感到一丝怜悯，但我对这只鬼鬼祟祟的野兽毫无同情。它的死将换来明年更多的羚羊。

这一切发生的时候，车里的摄影机没有装胶片。我曾拼命试图装上新胶片，但最终放弃。因为在颠簸的车里，仅仅是坐着都已经很困难了。就算余生都在蒙古地区度过，我可能也不会再有这样的机会了。

不过，我们借这次机会了解了狼的奔跑速度。我们为了杀死那只狼，无疑在全速前进。我估计刚开始它的速度也没有超过每小时 35 英里，在第二次 12 英里的追逐中可以证实这一点。对于速度能达到每小时 55 英里到 60 英里的羚羊来说，除非能出其不意地偷袭它们，或者捕猎刚出生的羚羊崽，否则狼几乎没有机会。为了避免这种情况，羚羊会特意待在开阔的平原上，那里没有岩石或山丘，潜伏的狼无法藏身。

我们杀死的那只狼正在脱毛，皮毛显出一副破败不堪、被虫蛀的样子，它刚刚还在吃一头死骆驼的尸体，后来我们在 1 英里外发现了这头死骆驼。当我们到达营地时，我指示两位标本剥制师收拾狼的骨架，但要离帐篷远一点。

查尔斯和我一直在谈论羚羊肉排。为了做午餐，我从一只羚羊幼崽身上剔下了肋排。我们急于“兑现”承诺，自己动手做了羊排。就在一行人聚集在帐篷里吃午饭的时候，中国标本剥制开始清理这匹狼。他们走到离帐篷相当远的地方进行最后的制作，却没有注意到风向。当羚羊肉排被端进来时，一阵轻柔的微风带来浓烈的死骆驼味。伊薇特放下刀叉，抬头看了看。她看着我的眼睛，突然大笑起来。麦克太太的手紧紧地捂住嘴巴，脸上流露出惊恐和恶心的表情。

虽然我是羊排爱好者，但配上“骆驼香水”，而且是死骆驼味的，我还是更想吃点别的。此外，我们在滂江平原上猎杀的羚羊确实强壮。我不知道是什么原因，远在北方的羊和我们吃过的其他羊一样美味。这次不愉快的体验让队伍在前往库伦的剩余旅程中，每当提到羚羊肉时都会感到恶心。负责补给的科尔特曼理所当然地认为我们一路上主要吃肉，所以没有准备足够的其他食物。结果到第三天时，我们发现食物开始变得非常紧张了。

那天晚上，我们在乌德外约 10 英里的沙质河床的井边扎营，乌德是前往库伦的中途点。天气恶劣，寒风刺骨，灰尘和小鹅卵石像冰雹一样不断打在我们脸上。汽车一停下来，我们每个人顾不上扎营就开始用肥皂和水清洗头、脸。我们唯一的愿望就是赶快清理掉我们眼睛、头发、嘴巴和耳朵的污垢。半小时后，我们看上去干净多了，开始琢磨晚餐吃什么。这场讨论注定不会持续太久，因为面包几乎吃完了，只剩下通心粉了。就在这时，一只蓑羽鹤落在了不到 40 码外的井边。“晚餐来了，”查尔斯喊道，“开枪吧。”

2 分钟后，我开始拔它的羽毛，不到 5 分钟，它就在锅里滋滋作响了。麦克夫人虽然饥肠辘辘，但还是于心不忍。“想想看，”她说，“这只鸟 10 分钟前还在这里散步，现在就在我盘子里。它还在动呢。我吃不下它！”

可怜的姑娘，她饿着肚子去睡觉了，夜里醒来发现自己的脸因风吹日晒肿得厉害。她确信自己快要死了，但她决定像她这样的“好心人”应该独自死在山坡上，以免打扰营地其他人。她在周围徘徊了半小时后，感觉好些了，又回到了河边的沙地，钻进了睡袋里。

天黑前，我们听到了驼铃的当当声，看见一队土黄色的动物绕过一个凸出的土丘，进入了井边的沙地。就像训练有素的军队一样，每只骆驼找到自己的位置，跪在地上安静地反刍，等着赶驼人卸下货物。早在最后一只掉队的骆驼到达之前，营帐就已经搭好了，篝火熊熊燃烧，直到深夜。当水槽里灌满了水，那些口渴的牲畜不停发出咕噜咕噜的声响。

他们已经在路上走了 36 天，但也只是穿越了沙漠的一半。每一天都和前一天一模一样——风吹日晒或淋雨、没完没了地吃饭、睡觉、扎营和拔营。单调的一切对西方人来说是可怕的，但东方人似乎特别适应这种生活，并满意地接受它。在天亮之前，他们又上路了，当我们醒来时，只剩下一堆冒着烟的余烬，作为他们曾经去过那里的证明。

我们在春天看到的蒙古地区与初秋的蒙古地区大不相同。山丘和平原延伸成无垠的棕色波浪，毫无绿意。在岩石阴暗的角落里，仍然有成片的雪或冰。现在，这里不再像堪萨斯州或内布拉斯加州的草地，而是一片真正的沙漠。我很难向伊薇特和麦克证明我对其潜在资源的热情描述是正确的。

此外，人类的生活和这里荒芜的植被一样令人失望。因为我们正处于“两季更替之间”。冬季的交通几乎结束了，直到草长得足够高，能够为牛马提供充足的食物时，骆驼才会被马车商队取代。蒙古包经常搭建在远离水源的平原上，当地面积雪时，所有蒙古包都迁移到水井附近或夏季牧场。有时，我们走了 100 英里也看不到一个人。

乌德已经被远远抛在身后，我们在平坦的路上飞驰，这时我们看见两匹狼在半英里外静静地看着我们。我们已经约定不再追赶羚羊，但任何时候都可以去追赶狼。而且，我们特别高兴能有机会检验当条件对狼有利时它能跑多快。科尔特曼示意麦克和其他人等着我们，我们则转头驶向那些慢慢向西小跑的动物，它们不时停下来回头看，仿佛舍不得汽车带来的不同寻常的景象。然而，过了一会儿，它们发觉好奇心会带来危险，才开始认真地奔跑起来。

它们马上就分开了，我们追在较大的一只后面。它体形巨大，瘦长的腿让它可以进行长距离的大幅跳跃和奔跑。地面非常适合汽车行驶，迈度表显示每小时 40 英里。它领先了 1000 码，但我们迅速接近，我估算它从未达到每小时 30 英里的速度。查尔斯非常想用他的点 45 口径自动手枪从车里杀死这只野兽，并且我承诺不会开枪。

狼跑动时贴近地面，头稍稍偏向一边，一只充血的眼睛看着我们。这次追逐赛很精彩，但它胜算不大，最终我们追上了它。科尔特曼身体前倾，迅速开火。子弹正好击中了野兽的背部，它突然转向，擦着右前轮跑开，相差不到 6 英寸。查尔斯还没来得及转弯，它就已经跑了 300 码，但我们又在 1 英里多一点的地方再次追上了它。当科尔特曼准备第二次射击时，狼突然从视线中消失了。几乎就在那一刻，汽车从 4 英尺高的路堤上掉了下来，重重地落在地面上后还保持行驶。查尔斯瞬间就察觉到了危险，他把身体靠在方向盘上保持车身稳定。如果他不是一个熟练的司机，我们一定会翻车，也许会车毁人亡。

我们停下来查看汽车弹簧，但奇迹般地，一片金属片也没有折断。狼也停了下来，我们看到它站在一个缓坡上，垂着头，灰色的身躯起伏不定，它似乎“筋疲力尽”了。但令人惊讶的是，汽车还没启动，它就像风一样再次跑了起来。在最后 3 英里的路上，路况迅速变化，我们很快就到了一个多石的平原，前轮随时有撞坏的危险。狼正径直朝向一个岩石斜坡跑去，那个斜坡像过去某种巨大怪物的尖刺背脊，直插天际。

它的策略成功了。狼在山脊上短暂休息，我跳出来准备射击，但它立即躲到了岩石后面。我跑去堵截这个家伙，查尔斯开车绕到山脊后面，却意外地全速冲进了一个沙窝。结果引擎熄火，比赛到此为止了。

这些狼是偷偷摸摸的食腐动物，我讨厌它们，但这家伙却“遵守比赛规则”。它顽强地跑了整整 12 英里，没有一声哀鸣或求饶。这只畜生完胜了，凭借策略和卓越的耐力赢得了胜利。无论它以为咆哮的汽车是什么，直觉告诉它岩石是安全的，于是它像箭一样引我们到了那里。

这只动物把我们玩弄于股掌之间，它享受着近乎人类的乐趣，此刻，它就站在半英里外的山坡上，看着我们努力将车弄出来。我们陷入了困境，很明显，唯一能脱离困境的方法就是卸下绑在车踏板上的所有行李。我们在沙地上铺开皮毛睡袋，努力了一小时，才把汽车推到坚实的地面上。我们刚要返回公路，查尔斯突然双手捂脸大叫："天哪，我烧起来了。怎么了？我身上着火了。"

科尔特曼太太把他的手拉开，露出他满是斑点和水疱的脸。与此同时，伊薇特和我感觉到一股液体像火焰般刺痛着我们的手和脖子。就在另一波灼热袭来之前，我们跳出了汽车。然后查尔斯喊道："我知道了，是德尔科发电机。"接着他扑向了车前盖。果然，其中一个电池的盖子已经脱落，皮套上蓄了一小摊硫酸。风刮得像风暴，每阵大风都向我们倾泻下一滴滴无色的液体，像小小的燃烧着的煤块一样刺痛我们。

不到十秒钟，我就割断了绳子，电池直接掉在地上了，但酸液已经把我们的东西毁得差不多了。装有我们所有野外衣物的帆布袋遭到了大量酸液的侵蚀，这使伊薇特整个夏天都在忙着缝补衬衫和裤子。我从没想过一点酸液能造成那么大的破坏，即使是放在袋子最中间的衣物，穿上也会突然裂开。

当我们走到路边时，麦克太太正闷闷不乐地坐在一辆车里，旁边是仆人们。我们已经走了将近三小时，可怜的姑娘急得快发疯了。麦克和欧文开着另一辆汽车跟着我们的轮胎印，30 分钟后赶到。麦克很开心，但惨白的脸满是疲惫。"就算给我再多的钱，我也不想再经历一次了，"他说，"我们沿着你们的轮胎印走，每翻一次山都以为会在另一边找到你们的尸体和翻倒的车。你们翻过那道堤岸时，究竟是怎么没翻车的呢？"

到了叨林，我们发现马门夫妇在电报站附近扎营，等待我们的到来。第一声喊叫是"食物！食物！"不到 15 分钟，他们从库彻带来的两条大面包就吃光了。我们在寺院里拍了几百英尺的电影胶片后，继续向北驶过一条像台球桌一样光滑坚硬的路。叨林平原上生机勃勃，到处是猎物，旱獭、羚羊、野兔、鸨、鹅和鹤似乎都聚集在那里，就像在一个巨大的动物园里，我们又进行了一些酣畅的狩猎。伊薇特和我在这片平原上度过了两个月的美好时光，我会在后面的章节中讲述，在清晨的骑马旅行和寂静的星光之夜中，我们如何逐渐了解并爱上了这片土地。

第六章 活佛圣城

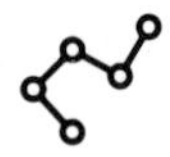

在遥远的蒙古地区北部，森林一直延伸到西伯利亚边境，圣城库伦就坐落在这里。世界上还有其他的圣域，但没有一个像这样的。它是覆盖在20世纪文明外表下的中世纪般的遗迹，是一座有着强烈的反差感和时代错乱感的城市。汽车经过刚从广阔而偏僻的戈壁沙漠来的骆驼商队；穿着火红色或亮黄色长袍的喇嘛和身披黑色长袍的僧侣；黝黑的蒙古族妇女戴着民族特有的头饰，瞠目结舌地看着穿着时尚的俄罗斯少女。

我们自南向北来到了库伦。一整天我们都在连绵起伏、没有树木的高地上行进，下午晚些时候我们停在了山上，俯瞰图拉河谷。15英里外的库伦在博格达山[①]的阴影里沉睡。一小时后，这条路带给我们第一个惊喜——买卖城，这是这个城市的中国区。多年漂泊在世界陌生角落的我们对所看到的一切毫无准备。在这里我们似乎发现了一个印第安战争时期的美国边境前哨。每一座房屋，每一家店外的高栅栏由未剥皮的木材筑成，除了栅栏上方露出的闪闪

① 博格达山，以蒙古博格达汗命名，位于库伦南部，又称圣山、神山。——译者注

发光的寺庙屋顶，几乎没有一丝东方建筑的痕迹。

在我们尚未调整好心态的时候，我们已经从“美国殖民地”来到现代的俄式小村庄。道路两旁的房屋漆着明艳的色彩，我下意识地寻找着一座有镀金圆顶的白色教堂。教堂并不在视线范围内，取而代之的是一座巨大的红色建筑，那是俄国领事馆。它孤零零地矗立在一个小山丘的顶端，后面是一片开阔的平原，一直延伸到昏暗的北部森林。从它气势磅礴的规模，就知道它是俄国巨人留下的，这个巨人前几年一直统治着库伦，以及古代可汗帝国留下的一切。

这条路 2 英里开外都是俄国人的村舍，然后我们进入了一个开阔的广场，这里是俄罗斯、蒙古地区和中国内地的混合体。栅栏围着的院落飘扬着的色彩明艳的经幡，与蒙古包、华丽的房子、中式商店混杂在一起。三大族群在库伦交会并共同发展。在这个遥远的蒙古地区角落，各个族群保留着自己的风俗和生活方式。这里有不变的蒙古包；中式商店里的木柜台前穿着蓝色长袍的纯粹的中国内地人；华丽的别墅宣告着里面住着俄罗斯人。

但是步行在街上，我和我的妻子都不会忘记我们身处蒙古地区。我们从不厌倦在狭窄的小巷里闲逛，那里有当地的小商店，我们也永远不会厌烦观察不断变化的人群。不同部落的蒙古族人身着各种特色服装，藏族朝圣者、满族人或从遥远的突厥斯坦来的驼队商人，在这里和来自文明世界的北京人一起喝酒、吃饭和赌博。

当地人服饰的华丽程度令人咋舌。除了耀眼夺目的长袍和饰带外，男人们头上还戴着人们在古代中国图画中能看到的所有类型的头饰，从黄色和黑色的高顶帽，到飘舞着孔雀翎的头盔，大多数都十分奇异。总之，我要是把它们全部讲述一遍，那凭我贫乏的词汇量，形容女性的服饰时就没词可用了。

想要用言语描绘蒙古族妇女的服饰几乎是不可能的事情，照片或许更有帮助。但若是要去欣赏，必须去看看蒙古族妇女服饰的所有颜色。如果东方所有的妇女开展一场比赛，设计出一种全新的华丽的服装类型，我不相信有谁设计出的服装会胜过蒙古族妇女自己设计的服装。

她们把头发编在架子上，形成两条巨大的扁平带，像山羊角一样弯曲，并用木棍或银条加固。每个角的末端都有一块银色的方形簪，上面镶嵌着彩色玻璃或石头，支撑着一条垂下来的辫子。在两角之间，戴着一顶精心设计并闪闪发光的银色帽子。她们的裙子是华丽的锦缎或布料制成的，上身的短上衣使用类似材料，肩膀上有凸出的垫肩。她穿着一双巨大的皮靴，脚尖向上翘起，与男人的靴子相似，穿戴整齐后，耳际还要悬挂一串由珠子串成的耳饰。

对东方服饰爱好者来说，这一身衣服让人心满意足，唯一美中不足的是靴子。不过她已经装饰了身体的每一个部位，鞋袜的瑕疵可以被谅解。此外，靴子除了保护脚部以外，还是个人装备中一个非常必要的部件。

的确，它们的尺寸太大，但在严寒的冬天，它有足够的空间多穿几双袜子，根据温度的不同，袜子的数量也有所不同。在夏天，她经常不穿袜子，靴子还可以放下一些不方便随身携带的小物件，比如烟袋和烟草，甚至一包茶或一个木碗都可以很容易地塞进宽大的靴子里，因为口袋哪怕对男人来说都是一种未知的奢侈品。

这座城市千变万化的生活和色彩，就像剧院舞台上的一场盛

蒙古包旁的蒙古族妇女

大的表演，带着现实的魅力。但是，不知何故，当一群身着华服的骑兵头戴插着孔雀羽毛的黄色帽子冲过街道的时候，我不敢相信眼前的一切是真实的。像我这样一个生活在 20 世纪的、漂泊在各地的、单调乏味的自然主义者和我的美国妻子，似乎不可能真的成为这场东方异域歌剧中活生生的一部分。

蒙古族已婚女子的头饰

但是我们和这个中世纪的梦幻生活还是有过一次接触的。我和伊薇特都喜欢马，而了解蒙古族人内心的一个方法就是骑马。一上马，我们就开始感受到周围迷人的生活。我们没了之前仅仅作为“库伦歌剧”的观众的不适，也忘了我们之前是坐着一辆非常不浪漫的汽车来到圣城的。

我们在库伦待了十天，当时我们在为草原初行做准备，夏天我们常常返回草原。我们逐渐熟悉了这个地方，每当我们骑马经过长长的街道，我们都惊叹在现如今这个商业化的时代，库伦乃至全蒙古地区竟能在数个世纪里几乎没有变化。

当然，这座城市并不缺乏现代的影响，只不过这影响是如此轻微，以至于对这个古老文明而言只是外表的虚饰，而且并未影响到当地人那些最根本的习俗，毕竟蒙古地处偏远且闭塞。几年前，当第一辆汽车穿过 700 英里的蒙古大草原时，自南向北唯一的交通工具便是骆驼，这种单一的旅行方式对休闲的旅人而言是毫无吸引力的。俄国人则不断自北向南来到库伦，在最近的一次战争中，俄国人在边境地区的影响力达到了顶峰。不管怎样，他们绝不希望其他外国人来开发蒙古地区，他们也特别期望蒙古地区成为中俄两国之间的缓冲地带。

库伦不仅是蒙古地区唯一一座规模可观的城市，而且是蒙古宗教与政治领袖活佛呼图克图的居住地。在山谷的另一边，他的宫殿紧挨着博格达山（圣山）的山脚，这座山从河边一直延伸到海拔 11000 英尺的树木繁茂的山坡上。

圣山是一个巨大的野生动物保护区，有 2000 名喇嘛巡逻，在通往圣山的每条路上都有一座寺庙或僧侣住所镇守。驼鹿、狍子、野猪和其他各种动物都在森林里游荡，不过如果有人胆敢在这神圣之地猎杀它们，他便死定了。几年前，几个俄国人趁夜上山捕杀了一只熊，一群暴怒的喇嘛将他们铐上镣铐抓了回来。尽管他们已经被打得半死不活，但最后还是在俄国外交官的百般努力之下保全了性命。

博格达山沿图拉河河谷绵延 25 英里，是库伦与蒙古南部起伏的草原之间的天然屏障，它就像圣城门口的巨大守卫，但不久后成为即将建成的无线电站的唯一阻碍。

呼图克图在图拉河河畔有三座宫殿，一座是丑陋的俄式建筑，另外两座至少还有当地特色。主宫殿的核心结构是白墙和镀金圆顶，两侧是稍小一点的绿色屋顶的房子。整个建筑被一道由白色柱子组成的 8 英尺高的栅栏环绕着，栅栏上装饰着红色的镶边。

如今的呼图克图已经很少离开宫殿，年迈多疾的他几乎失明。有关神秘的“活佛”的奇异故事都似乎想证明他是“出于地，乃属土”[①]的。据说过去他有时会离开他的“天堂”与来到库伦的外宾狂欢，不过这都是传言，我们在讨论的毕竟是一位圣人。不过，他对西方小物品和发明的热情是众所周知的。他的宫殿是一个名副其实的仓库，里面存放着留声机、打字机、显微镜、缝纫机和许多其他的俄国商人卖给他的商品，还有来自世界各地的图片目录。但就像孩子一样，他很快厌倦了自己的玩具，把它们扔到一边。他有一辆汽车，但他从不坐。据说，他的汽车的主要用途就是在汽车电池上接一根电线来电他手下的大臣。蒙古族人喜欢恶作剧，呼图克图

① “出于地，乃属土”原文为“as of the earth, earthy”，这里是为了表示在传说中，呼图克图是世界上第一个这样非凡存在的人。——译者注

也不例外。

现在他的宫殿已经通电了，一盏巨大的弧光灯照亮了整个庭院。一天晚上，卖电灯给呼图克图的罗康德尔先生和马门先生被召到宫殿内收款。他们目睹了如今只有在蒙古地区才能看到的一幕。价值几千元的银币被装运到他们的汽车上，来付款的喇嘛坚持要他们在他面前数清银币。

一大群蒙古族人聚集在宫殿附近，最后一根长长的绳子从一座建筑物中抛了出来。蒙古族人跪在地上，虔诚地触摸着绳子，绳子在轻轻地摇晃着，据说绳子的另一端是呼图克图。从跪地祈祷的人群中传出原始单调的吟唱，绳子又晃动了起来。之后，被活佛庇佑的蒙古族人带着敬畏的心情骑马远去。这一切都发生在博格达山山脚下一辆汽车明亮的车灯下！

呼图克图似乎觉得拥有一座配有洋家具的洋房是他作为统治者的地位象征。当然，他从来没有打算住在这里，但其他国王都有这样无用的宫殿，为什么他不来一座呢？这就是他会在距离他的其他住宅半英里左右的地方贸然建起一座俄式红砖建筑的原因。布置家具对于呼图克图而言是当务之急，罗康德尔先生临时受雇于蒙古地方政府，负责处理这些私密的细节问题。选择一张床是最重要的事情，因为即便是活佛也要睡觉，他们不能总是在祝福他人或拿大臣开玩笑。在千辛万苦之下，洋床穿过 700 英里的平原和沙漠，来到图拉河河畔的红砖宫殿里。

罗康德尔先生负责监督安装呼图克图卧室内的家具，此刻的他变身为管家。由于这是他第一次为活佛整理床铺，所以他把一尘不染的床单整理好，用心地把被子盖好。当一切结束的时候，他心满意足地向呼图克图的其中一位喇嘛报告，称已经准备好了床铺。两位身居高职的喇嘛组成了视察委员会。他们认为这个床没问题，但问题是躺在床上感觉是怎么样的？罗康德尔先生滔滔不绝地讲述弹簧的“弹性”，并向他们保证这是最好的床了。喇嘛在讨论后宣布床在使用之前必须进行测试。因此，毫无疑问，每个喇嘛都身披长袍，穿着脏靴子不慌不忙地站到床上，在床上蹦蹦跳跳。床的测试结果是令人满意的，除了罗康德尔和那张床单。

几年前，呼图克图的视力开始衰退，为了平息神的怒气，人们建了一座巨大的神庙献给神灵。它坐落在库伦西端的一座山上，周围都是僧人的木屋。这里被称为“喇嘛城”，因为只有那些在寺庙服务的人才被允许生活在这片神圣区域中。寺庙里有一尊 80 英尺高的青铜佛像，佛像站在一朵金莲花上。这尊大佛身上有着厚厚的镀金涂层，镶嵌着宝石，披着丝绸。

幸运的是，神庙对妇女和城里的信徒开放的那天，我刚好在那里。尽管我的到来容易遭人怀疑，并且我可能不被允许入内，不过我还是跟着人群经过两排头戴高顶帽、身披明艳的黄色长袍跪着的喇嘛。我拿着我的帽子，试图带着谦卑和崇敬的表情，这样的举动显然是成功的，我不受阻碍地进入了神庙。神庙门口站着一位僧人，他从一个罐子里盛出圣水分给众人。人们怀着敬畏的心情用圣水洗脸，拜倒在金色莲花上的巨大身影面前，佛像的脑袋消失在寺庙屋顶的阴影之中。他们亲吻着那些已经被数千人亲吻过的丝质披盖，每个人都从神庙地板上收集了一把神圣的泥土。墙壁上的佛龛里，数以百计的小佛像面无表情地凝视着前来膜拜的人群。

这个场景散发着醉人的光辉——头戴精美发饰、身着华服的女子；身披黄色袈裟、跪地祷告的喇嘛；在钹的碰撞声与鼓声之中，祷告者近乎疯狂地吟诵着祷告词，这一切都让我血液澎湃，我有些头脑晕眩，有一股力量驱使着我与那些蒙古族人一同跪地参与那神圣的吟诵。淡淡的熏香气味、绚烂的颜色、原始的音乐如烈酒一般令人精神振奋却也使大脑迟钝。那一刻是我距离这东方的宗教狂热最近的一次，即便身处20世纪文明社会的我也感受到了这感性的力量。奇怪的是，这股力量竟能对一个诞生至今700多年的民族施加如此强大的影响。

在一阵轰鸣声中仪式突然结束，人们纷纷起身拥向院子，一齐转动寺庙基座附近的转经筒。每一个转轮都是一个大小不等的空心圆柱体，柱子上点缀着金色的藏文，有时候转轮里装满了数千张纸条，上面写着祈祷的话语或神圣的思想，每次转动圆柱，都可增加来世的功德。

蒙古族人在积累功德方面非常在意，也做的很多。库伦当地每一栋居民的房子都挂满了写满各种经文的经幡。经幡在风中的每一次随风飘动，就如同念了一次经文，象征着将幸福的祈祷送到蒙古族人灵魂所在的西方极乐世界。不单寺庙有转经筒，街上也安装着转经筒。人们只需在买茶或卖羊的过程中，顺便转几下转经筒，就算是诵过经，也礼拜过了。

不管从哪个方面来看，库伦是一个永远不会被人忘却的神圣城市，几十座寺庙的金色屋顶被阳光照亮，祈祷的喇嘛的诵经声在空中飘荡。即使在大街上，我也能看到远道而来的衣衫褴褛的朝圣者。如果他们第一次进入这个城市，渴望获得更多功德，他们走向山上那座大庙，每走一步都要脸朝下趴着磕一次头。耀眼的白色木

转经轮和蒙古族喇嘛

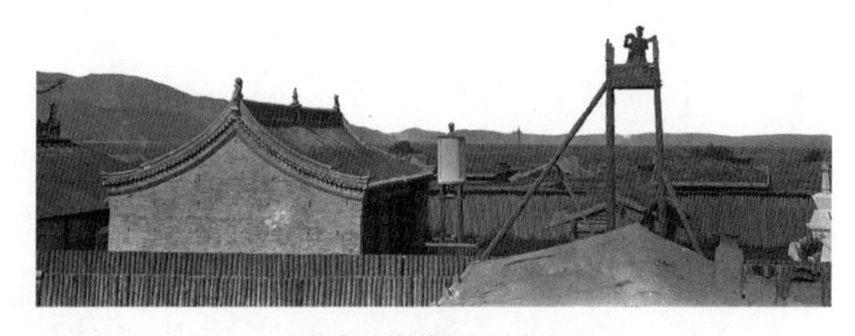

库伦庙里的喇嘛在呼唤神明

蒙古族人在库伦神殿祷告

制神龛，或是矗立在宁静的街道上，或是在寺庙后面簇拥着。每一个神殿前，都有一块一端微微上翘的祷告板，它已经被前来膜拜的蒙古族人用身体磨得漆黑光滑了。

虽然当地人非常重视死后“灵魂”的归宿，但他们对“灵魂”离去后留下的躯体却有强烈的厌恶感，他们认为人死在房子里是最不受欢迎的事情。在库伦，一家蒙古族人在我们一个朋友的院子里搭起了他们的蒙古包。夏天的时候，年轻的妻子病得很重，当她的丈夫确信她快死了的时候，就把可怜的她搬出了蒙古包。如果她愿意，她可以死，但绝不能死在家里。

尸体本身被认为是不洁的，必须尽快处理。有时候，全家人会收拾自己的蒙古包马上离开，将尸体留在原地。通常尸体被装在一辆马车上，在有点崎岖的地面上快速行进时，尸体有时会掉下来，但马夫不敢回头看，直到他确信不受欢迎的负担不再跟随他，否则他可能会激怒跟随尸体的“灵魂”，从而给自己和家人带来无休止的麻烦。

蒙古狗的野蛮程度几乎令人难以置信，它们是像藏獒一样的大黑狗。它们以尸体为食，这似乎让它们对活人充满了蔑视。每个蒙古族人的家庭都会有一只或多只这样的狗，如果一个人要接近蒙古包，那将是非常危险的举动，除非他在马背上或已经备好一把手枪。在库伦，如果你在夜里赤手空拳出门，你很可能会被袭击。我从来没有去过君士坦丁堡，但如果土耳其的城市有比库伦更多的狗，那里必定是很不适合居住的地方。尽管这里的狗在很大程度上吃的是人类的剩饭剩菜，喇嘛也会给它们喂食。每天下午 4 点，你可以看到一辆马车经过大街，车后跟着一群狂吠的狗。车上是两个或更多的喇嘛与一个大桶，喇嘛从桶里舀食物残渣给车后的狗吃。根据他们的宗教信仰，如果他们延长了任何东西的寿命，无论是鸟、兽或昆虫，他们都可以积累深厚的功德。

蒙古族人的习俗并非完全像我所描述的那样，但库伦本质上是一个人们过着原始生活的边境城市。当地人在这里艰难地生活着，锻炼出无与伦比的刚健。草原上的孩子早已习惯于困苦和疲劳。他们的法则便是北方的法则：“……优胜劣汰，适者生存。”

有着超凡马术的蒙古族人漫不经心地在草原上自由驰骋，如鹰飞过他们的蒙古包。他们似乎也是草原上的一种野性动物，他们的每一个动作，甚至他们粗犷的幽默和原始的民族服饰都无不透露出与世隔绝的气息。

然而，清洁对于蒙古族人的生活而言并不重要。人们在道德上确信污垢永远不会被水有意洗去。也许这不能完全怪他们，因为除了蒙古北部的地带，这里水源并不丰富。在草原和戈壁沙漠里，只有在井里和偶尔遇到的池塘里才能找到水源，进一步来说，是由于水太宝贵了，不能浪费在洗澡这样无用的过程中。此外，每年 9 月到次年 5 月，西伯利亚大草原刮来的寒风会带来让人无法洗浴的冷湿气流。

蒙古族人的食物几乎全是羊肉、奶酪和茶。像所有的北方人一样，他们需要大量的脂肪，绵羊满足了蒙古族人对脂肪的需求。因此，蒙古族人身上和衣服上多多少少都会有油脂味。

一个男人只能有一个合法的妻子，但可以纳许多妾，他们都生活在同一个屋檐下。更偏僻的地区还保留一妻多夫制。

在写到库伦的居民和他们的生活方式的时候，我忽略了这座城市本身。我已经描述了山上的大寺庙和建于河谷之上的喇嘛住所。寺庙金碧辉煌的屋顶在阳光下闪烁，以至于在数英里外都看得到，像一座灯塔一样指引着流浪的朝圣者来到他们信仰中的“麦加”。

喇嘛城下的宽阔街道的尽头有一座帐篷市场，再走几步是铁匠铺，在那里可以在一小时内买齐缰绳、锅、地钉和所有在沙漠中流浪所需的东西，如果你付得起钱的话！在库伦除了马没有什么是便宜的，当我们开始为草原之行收拾行装的时候，我在这里经历了一件让我震惊的事，就像一个月前我在纽约“花 20 美元买了一双鞋”一样。我们本应吸取教训的，但当我们在库伦买 10 元至 12 元一袋的面粉和 75 分一罐的炼乳时，我们只能在无能狂怒中付款。我发誓，在美国我绝不会花 20 美元买一双鞋。但是在库伦因为买面粉和牛奶而咆哮，和在美国为买鞋子而抱怨一样没什么意义。

我们付了卢布，每个卢布值 3 分钱（几年前，1 卢布的价值超过 50 分）。这里几乎没有鸡蛋，只有从遥远的中国内地途经漫长的古道运来的，而且肯定是馊的鸡蛋。无论如何鸡蛋在早餐桌上都会成为让人不愉快的存在。在库伦只有少数俄罗斯人养鸡，而它们生下的都是“金蛋”，每个鸡蛋要 3 卢布，因为喂鸡的粮食稀缺，要花许多卢布才能买 1 蒲式耳[①]。

幸运的是，在冬天我们已经把我们的大部分物资和设备通过商队运到了库伦，不过，还要添些零碎的东西才能满足所有需求，因此在我们来到这里之前，就私下了解了圣城进出口贸易。中式商店给我们提供了真正的帮助，因为库伦和东方世界的所有地方一样，中国人在这里是最成功的商人。一些公司已经积累了相当的财富。

在库伦中央大街的东端有漂亮的转经筒和精锐的骑兵队伍，这些骑兵来自海关办事处和外交部。海关办事处有一个大院，用于安放骆驼商队和满载的牛马车队。这里多多少少还有些无用的木质建筑，但真正办事却是在大院旁的一个大蒙古包里。现代的文件柜和电话机在蒙古包里显得格格不入。

距离海关办事处不远处便是我认为的世界上最可怕的监狱之一。未剥皮的木头双栅栏围着一个 10 平方英尺的空间，打开小房间的门，里头几乎伸手不见五指。在这些地牢里堆着木箱，4 英尺长、2 英尺半高。这些木箱便是囚犯的牢房。

① 计量单位，1 蒲式耳在美国约为 35.24 升。——译者注

库伦街上的蒙古族骑兵

一些可怜的不幸之人，脖子上戴着沉重的枷，双手铐在一起。他们既不能直立，也不能完全躺下。如果狱卒记得给他们食物的话，就通过木箱边上的一个 6 英寸的小孔递进去。有些人被囚禁在这里只有几天或几周；有些人则是许多年或是一辈子。他们的肢体因为长时间不动而萎缩。他们在狭窄的空间中挣扎的痛苦是无法用语言来描述的。即便在冬天，当气温下降的时候（有时会达到零下 60 度），他们也只有一片单薄的羊皮御寒。我不知道他们是如何在这样无法形容的污秽中忍饥挨饿，挺过严寒的。在这里每日受着可怕的折磨却能活下去，或许只有蒙古族人能做到吧。

我说这些不是为了满足读者对于监狱病态的好奇心，而是为了表明库伦虽然有海关办事处、外交部、汽车、电话等，但是骨子里仍然是一座中世纪的城市。

我们在库伦结交了一个令人愉快、十分宝贵的朋友——F.A.拉森[①]先生。大多数外国人说他是“蒙古地区的拉森”，事实上我们也的确每每想起“拉森”就会想起蒙古地区。大约30年前，他骑马来到蒙古地区并爱上了这个地方。他非常喜欢蒙古地区，在卡拉根以北100英里的塔布尔挖井并建房子。起初他和妻子一起做传教士，后来他离开了这个地方，把地留给妻子，开始在全世界从事他最爱的工作——买卖马匹。

在他居住在蒙古地区的这些年里，如伯乐一样辨识出成千上万的好马，蒙古族人尊重并相信他的判断。我希望我可以写写他的生活故事，因为那会比任何浪漫小说或冒险小说都有趣。在最近几乎每一件对蒙古族人来说重要的事件中，“拉森”先生这个名字都可以被找到。一次又一次，当误解和骚乱威胁到蒙古地区的政治和平时，他作为活佛的使者被派往北京，他不仅了解当地人的心理，而且了解高原上的每一座山丘和平原，就像沙漠的游牧民族一样。

有一段时间，他和奥卢夫森先生一起负责管理慎昌洋行库伦分行。我们则把他们的房子当作了我们的总部。“拉森”先生立即为我们搞到了一套草原工作服，从策策王子（音）那里为我们买了两匹小马，从一位俄罗斯朋友那里借来了两辆带马具的马车，他自己买了一辆马车，还借给我们一匹用来骑的小马和一匹拉车的马。奥卢夫森先生也把自己的马借给了我们。他把我们的事当作自己的事，从来不因为太忙而不肯为我们提供哪怕是最微小的帮助。我们很愿意花几个小时听他讲早年的故事，他讲的故事格外动人。我们

① F.A.拉森，瑞典人，第一位前往蒙古地区的传教士。——译者注

库伦监狱

双手被反绑着装进木箱的罪犯

的流浪生活中最迷人的一面就是在世界的各个角落都能交到朋友，不过没有人能像“蒙古地区的拉森”这样关心他人。

蒙古包的外形

蒙古族女人和喇嘛

第七章

拜访赛音诺颜汗的漫长之旅

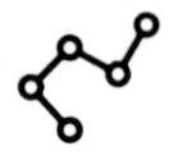

我们乘着 20 世纪最受欢迎的交通工具，在发动机的轰鸣声与弥漫的汽油味中来到库伦。当我们离开时，像是又回到了 700 年前的蒙古族人的旅途。当然这与成吉思汗时代是大不相同的，毕竟我们有三辆俄式马车，尽管这些马车与古代帝王乘坐的轿子一样没有弹性且不太舒适。

当然，我们自己也不坐马车，驾马车的是我们的厨师和两个中国标本剥制师。两个中国标本剥制师都坐在他们的行李上，带着一种无可奈何和沮丧的神情。他们的脸的确拉得很长，因为突然从舒适的汽车后座换到马车上，与他们预期的蒙古之行相去甚远，但是他们还是坚强地忍受了这一切。

我和妻子各骑一匹蒙古马，我的这匹马名叫“忽必烈汗”，它配得上这个名字。稍后我会告诉诸位更多有关这匹马是如何出色的故事，毕竟我爱它如同爱我的朋友一样。它任劳任怨，甘愿为我赴汤蹈火，从不索求回报。我妻子骑的那匹栗色马个头比“忽必烈汗”小一点，那是一匹聪明的马，骑着它狩猎可谓乐趣无穷。不过我妻子曾经被它咬过、踢过，因此我们现在不喜欢它了。作为对

“忽必烈汗”辛苦劳作和付出的回报，它可以在北京的阳光沐浴下的马厩里享受着吃不完的甜胡萝卜。

除了那三个中国人外，与我们同行的还有一个蒙古族僧人，一个只有 18 岁的穿黄袍的喇嘛。不过我们雇他不是为了获得心灵洗涤，而是让他作为我们在草原上的向导和习俗指导师。当然，我们不会说蒙古语，但我和我的妻子懂一些汉语，我们的厨师吕会说“洋泾浜英语”，不过我们通过想象有时还是可以听懂他说的话。由于我们的喇嘛会说一口流利的汉语，所以他充当我们的翻译，使我们能够畅通无阻地与蒙古族人交流。当你不得不用肢体语言，而听话人正在努力听懂你说的话时，那会是多么有趣的场景呀，不过你可以确信蒙古族人会在这方面与你的努力相匹配。

我们的行李中有一件特别有趣的东西，那就是查尔斯·科尔特曼在卡拉根为我们制作的蒙古帐篷。这是对普通帐篷的巧妙改造，特别适合草原工作者，用过它就不会想用其他帐篷了。帐篷的两侧从横梁处弯曲到地面，每一面都呈现出倾斜的表面，帐篷的一角可以被掀起便于空气流通，即便在帐篷内生火也不会有因烟雾而窒息的危险。此外，这个帐篷一个人在 10 分钟内就能搭起来。我们还有一个美国式帐篷，但我们不喜欢它，只在天气恶劣的时候使用。在总是刮风的大草原上，风吹在帐篷上呼呼作响，几乎无法让人安心入眠。

正如每个旅行者都知道的那样，任何一个国家的当地人通常会为了适应特殊的生活环境而创造出与之最为匹配的衣物和住所。正如蒙古包和帐篷一样，他们自然知道皮草是冬天保暖的最佳之选。

我们的马车上有充足的面粉、熏肉、咖啡、茶、糖和干果。对于肉类，我们当然依赖于用枪来获取这部分需要，而且我们总会有足够的肉吃。虽然我们的旅途不算豪华，不过也算是相当舒适。当一个人夸耀自己在野外丢弃必需品的行为的时候，你就可以完全肯定地说他没有进行过多少次真正的旅行。“磨炼”不一定是艰苦的工作，一个人必须在最好的条件下毫不避讳地接受一切不适，那才叫“磨炼”。身体健康是首要条件。没有健康，你就会迷失方向。要保持身体健康的办法就是舒舒服服地睡一觉，吃有益健康的食物，穿上适当的衣服。你不需要经常去看医生，我们没有在任何一次探险中带上医生。

保险公司总是在我外出时取消我的意外险。尽管他们已经准备好在我回到纽约的时候恢复我的意外保险，但他们还是找了个借口说我不是很好的保险对象。然而，普通人在第五大道被害或受伤的概率要比我们住在露天的星空之下、呼吸着新鲜空气时遇险的可能性高出一百倍。我的朋友斯特凡松是北极探险家，他经常说“冒险是无能的标志”。他无疑是正确的。如果一个人带着一套合适的设备去参观一个国家，他可能只有很少的机会“冒险”。如果他没有知识和设备，他最好待在家里，避免酿成悲剧。

我们从蒙古族人那里得知，在库伦西南方向 300 英里处有一个很棒的狩猎场，狩猎场的主人是赛音诺颜汗。这是一个背靠海拔为 15000 英尺的高山的地区，那里生活着大角羊和野山羊。草原慢慢延伸到西部戈壁滩的沙质荒地，那里有无数羚羊还有成群的野马（普氏野马）和野驴（蒙古野驴）。

赛音诺颜汗是四大蒙古国王之一，他不久前离奇死亡，他的遗孀刚刚访问了库伦。俄国外交代理人奥尔洛夫先生给她写了封信，告知我们将要访问此地，奥尔洛夫也代她向我们转达诚挚的邀请。

我们在一个即便对于蒙古族人而言天气都特别好的日子从库伦出发。圣山上白色寺庙的金顶闪耀着光芒，高低起伏的山峦看起来似乎距离我们很近，我们甚至可以想象到我们在像公园大门一样的山口处看到鹿和野猪。我们经过河谷，越过图拉河，到达活佛宫殿的底下。我们爬上了山，山坡上的旱獭像提线玩具鼠一样有序地进入洞穴，在距离我们不到100码的地方有两大群的蓑羽鹤在捉蚱蜢。我们想捉两只鹤当晚餐，捉旱獭做标本，但我们不敢开枪。虽然这里并不是圣地，但是我们距离博格达山很近，枪声可能会引来山上一大群狂热的喇嘛，我们最好不要冒这种风险。

第一天开始的时候非常美好，但结局却很糟糕，我们遭遇了“滑铁卢”。在午餐后不久我们到达一个陡峭的山坡，我们的两匹马拒绝拉这么重的行李。这些行李对于马儿来说显然太重了，前景并不乐观。我从妻子的日记中摘录了那天下午我们的行动。

我们花了两个小时越过那座山，当男人们把最后一箱行李运到山顶的时候，他们早已筋疲力尽，在我们吃过午餐以后，天空就变得越来越暗，密布的乌云压在了博格达山的山顶。突然，一道明亮的闪电划破天空，好像一把燃烧着的刀一样，冰冷的雨水猛烈地打了下来。5分钟后我们都湿透了，冷得直发抖。我们终于到达了平原，离开大路，朝两个蒙古包走去，这两个蒙古包坐落在河边1英里的地方，像一对巨大的白鸟。

罗伊和我向前飞奔过松软、泥泞的草地，我们的视线几乎被雨水挡住，我们把马停在了最近的蒙古包外，出于礼节打了个招呼就进去了。蒙古包里很暗，几乎看不见，篝火的滚滚浓烟刺痛了我们的眼睛。地板上坐着一个正在吹火的皱眉的女人和一个身着黄色衣服的喇嘛，他的帽子隐藏在他的雨具下，显然他是一个和我们一样的旅行者。

皱眉的女人笑了笑，示意我们坐在门旁的小沙发上。当我们照她说的坐下的时候，我看到一张小脸从一件羊皮大衣里探出来，两只黑眼睛一眨不眨地盯着我们。显然突然来访的数位客人打扰了这个蒙古族小姑娘的午睡。她是一个相当可爱的小东西，比我在北京的孩子大一点，我想和她一起玩。起初她很害羞，但当我从一包香烟里拿出一张广告卡片时，她逐渐在她妈妈的鼓励下靠在我的膝盖上了。她那双黑色的眼睛没有从我的脸上移开，她严肃地把一根手指放进她的嘴里，然后"砰"的一声把手指从嘴里拔了出来，这让她妈妈很高兴。但当她决定爬到我的腿上的时候，我的兴趣开始减弱，因为她身上浓浓的体味和腐臭的羊油味让我几乎窒息。

我们的女主人正忙着在一个大锅里搅拌着白色的汤，当汤做好摆在桌面上的时候，每个人都用他们的木碗舀汤。我们婉拒了，因为我们已经有了喝蒙古汤的经验。

当我们习惯了苦涩的烟味和当地人身上的气味时，蒙古包还真是一个不错的地方。这里有两个约 6 英寸高的覆盖着羊皮和牛皮的沙发。门的对面是一个漂亮的柜子，柜子上是一个小神像，神像前面有一支正在燃烧的蜡烛和一张呼图克图画像。

蒙古族小孩

我们在蒙古包里吃晚饭，晚上伙计们睡在蒙古包里，我们则睡在我们的蒙古帐篷里。这个帐篷即使在风雨中也不难搭起来，但是要搭起美国式帐篷是不可能的。尽管已进入 6 月，夜间却出现了刺骨的霜冻。多亏了毛皮睡袋，我们这才度过了这个寒冷的夜晚。

大雨过后的空气总是清新的，我们在河边度过了一个愉快的早晨。数百只蓑羽鹤在河谷底部的像翡翠一样绿的天然草场上觅食。我们看到两只站在沙洲上的优雅的鸟儿，当我们朝它们跑去时，它们丝毫没有害怕的迹象。当我们距离它们不到 20 英尺远的时候，它们还慢慢绕着圈走，喇嘛在他的马蹄旁发现了两个带棕色斑点的蛋。这里没有鸟巢，这些蛋却因为与石头相似而受到了完美的保护。

我们一路紧挨着图拉河河畔行进，午餐前我们看到遥远的山上一行骆驼斜斜地向我们走了过来。我真希望你能看到商队蜿蜒穿过生机勃勃的绿色大草原时那种原始的壮丽。有三个喇嘛穿着华丽的黄色长袍，还有两个穿着火红的衣服，骑着小马前行。接着来了四个穿着大红色长袍的男人和一个穿金戴银的女人，他们骑着巨大的骆驼。在他们的后面是首尾相连的长长的棕色的骆驼队。这就像一幅中世纪的画作，就像忽必烈汗时代的画，当时他的宫殿是世界上最辉煌的地方。我和我的妻子被眼前的景象迷住了，因为这就是我们梦中的蒙古。

但是第二天的我们注定不会是真正幸福的，因为午餐后我们踏上了一条糟糕的路段，路面上是交错的锯齿状的岩石和深泥坑。那匹前一天就筋疲力尽的白马在马车陷入泥里时就完全放弃了。这时，一个穿红色衣服的喇嘛带着四匹小马驹出现了，他说他的一匹马能把大车拉出来。他把那匹棕色的小马系在两个车轴中间，我们用肩膀抵住轮子，10 分钟后，马车就回到了坚实的地面上。我们立刻提出要交换马匹，在我交付了五元后，我便成了那匹棕色小马的主人。

但故事并没有就此结束。两个月后，当我们回到库伦，一个蒙古族人来到我们的营地，他激动地宣称我们的一匹马是他的。他说他的五匹马被偷了，我和喇嘛交易的那匹棕色小马驹就是其中之一。他证据确凿，根据蒙古地区的法律我要交出小马驹并承担损失。然而，六个骑兵很快就捕获到了喇嘛的踪迹，可能在这个事故结束之后，就能少一个偷窃的喇嘛。

有趣的是，我们注意到蒙古地区和美国西部对保护马匹的态度完全相同。在这两个地方，盗马被认为是最严重的罪行之一。在蒙古地区，盗马可以判死刑，甚至要在监狱的木箱里度过余生。此外，互助精神在这里得到了进一步的发扬。在夏天的时候，有好几次我们的马儿在距离帐篷几英里的地方逗留，最后都被过路的蒙古族人带回来，或者我们会被告知在哪里可以找到我们迷路的小马。

第二天晚上，我们把营地建在一片美丽的、长满青草的高原上，旁边有一条小溪，它是一条河流的支流。我们设置了许多捕捉小型哺乳动物的陷阱，早晨却很失望地发现只有三只田鼠。河边没有旱獭、野兔或其他动物经过的新痕迹，我最初的怀疑被证明是正确的，就是这个山谷是蒙古族人最喜爱的冬季露营地，他们捕杀或赶走了这里所有的动物。事实上，整整两天，我们的视线里几乎到处都是蒙古包，大群的绵羊和山羊在草地上吃草。

可能是蒙古族人认为子弹太珍贵了，不能浪费在鸟身上，所以我们看到了许多不同的鸟类。蓑羽鹤在我们周围表演它们的交配舞蹈，而当其中一只在追逐一只喜鹊的时候，那便是最有趣的一幕。它跳跃着，拍打着翅膀，直到追不上河岸的沙滩上那只黑白相间的小鸟。

蒙古云雀不断地从我们马蹄下的草丛里跳出，在我们的头顶上翱翔，空中充满着它们的歌声。沿着河岸的沙滩，我们看见成群的鸿雁。它们很好看，脖子后面有一条宽而棕色的长条纹。它们不怕马，但只要有人走近，它们就马上飞走。我从马上跳了下来，在约 200 码外捕杀了六只鸿雁。伊薇特勇敢地骑着“忽必烈汗”向鸿雁群冲去。有两只鸿雁俯身掠过水面，我们不得不蹚过去追它们。我的小马像鸭子一样冲到水里，当我们到达对岸时，它骄傲地拱起脖子，好像它自己杀死了那只鸟一样。它对运动的兴趣浓厚、它的温和和智慧立刻赢得了我的心。它会毫不畏惧地让我骑在它背上时开枪，尽管在我买它之前的主人从来没骑着它狩猎过。

在池塘和沼泽草地中，我们发现了赤麻鸭和凤头麦鸡。它们像是我的老朋友一样，因为我们第一次遇到它们是在 1916—1917 年的冬天，它们为了躲避北方的寒冷去了遥远的云南和缅甸边境，而现在的它们则回到这里的夏季繁殖地。沐浴在阳光下的赤麻鸭就像熔化的黄金，我们是不可能杀死如此美丽的鸟儿的，即便我们自己在忍饥挨饿。此外，像凤头麦鸡这类鸟类是如此简单淳朴，容易相信他人，让人心生怜悯，对人产生无限的吸引力。我们经常寻找赤麻鸭蛋和凤头麦鸡蛋。我们知道它们一定在附近，因为那些老鸟会在我们的头上飞来飞去，发出令人痛苦的呼叫，但是我们从来没有找到过鸟巢。

蒙古族喇嘛

我射中了四只浅灰色大雁，它们有黄色的喙和腿，头上有棕色的窄条纹，脖子后面有一条棕色的宽条纹。我只能辨认出这是印度斑头雁的种类，我从没有意识到它们可以飞这么远，北上来到此地繁殖。后来我发现我的猜想是正确的，这类鸟只是偶尔来蒙古的游客。我们只看到过一只豆雁样本，这是一种在中国常见的鸟，我曾预计会有成千上万只。这里有几只绿头鸭、红头鸭、琵嘴鸭和几只杂交鸭，还有六只珩科鸟和滨鸟。

除了这些之外，这次旅行无比单调，我们对动物的匮乏感到非常失望。此外，马车也不断出问题，第三天我不得不再多买一匹马。虽然可以在任何蒙古包买到马，但是能够拉车的是不容易找到的，因为蒙古族人多用牛或骆驼拉大部分的货物。我们买到的那匹马已经两年多没拉车了，当我们把它带到马车旁时，它吓坏了。蒙古族人处理那匹马的方式让我们大开眼界！他首先给四只马蹄安上马绊，然后在马的背部套上绳子，把它绑紧后系在车轴上。当小马被妥善地固定好后，他把缰绳系在另一辆马车的后面，慢慢地向前走。起初，马试图踢跳，但马绊很快就束缚住了它，15 分钟后这匹马就投入了工作。然后蒙古族人先除去它后蹄的马绊，接着是前蹄。他在马的身边走了很长一段时间，才正式开始让马拉车。

我不相信世界上任何人能比蒙古族人更熟练地驾驭马匹。从孩提时代开始，他们真正的家就是马背。每年春天，孩子们都会在库伦举行比赛。4 岁至 6 岁的男孩和女孩被绑在马背上，全速飞驰 1 英里。如果一个孩子摔下来，也不会受到同情，而是比以前绑得更紧了。蒙古族人瞧不起任何一个不会骑马的男人或女人，除了精湛的骑术以外没有什么能快速获得蒙古族人的欣赏了。奇怪的是，

库伦路上的交警

蒙古族人很少表现出他们对马儿的感情，也不以任何方式爱抚它们，因此，这些马儿不喜欢被抚摸，它们很容易踢人、咬人。我的小马“忽必烈汗”是一个例外，它像小猫一样温柔可爱，在蒙古地区很少有像“忽必烈汗”这样的动物！

小马虽小，但它们强壮得几乎令人无法相信，它们可以忍受足以杀死一匹普通马的惩罚。蒙古族人很少会慢慢骑马，他们或是全速奔跑，一天四五十英里，这些都是很寻常的事。此外，这些马吃的不是谷物，它们必须常年在草原上觅食。在冬天，当草又干又稀时，它们的食物很少，但它们却能抵御严寒。它们长了一身五六英寸长的毛发，当“忽必烈汗”长途跋涉，穿越大草原到达北京时，它看上去更像一只灰熊而不是一匹马。它已经完全变了，不再像在蒙古时那么漂亮修长，我的妻子还以为它不是同一匹马。它必须学会吃胡萝卜、苹果和其他蔬菜。不过很快“忽必烈汗”就习惯了它在城市的同类们的所有口粮。

马在蒙古地区很便宜，但也不是特别便宜。在春天，一匹小马的合理价格是30至60银圆，特别好的小马能卖到150银圆。在秋天，当蒙古族人都面临艰难的冬天时，小马的价格是春天时的三分之二，因为寒冷会对所有牲畜造成损害。

在库伦，我们已经确信可以在八天内到达赛音诺颜汗的村庄。我们已经在路上走了五天，每一段平均要走25英里。当地人向我们保证，我们还需要至少十天才能到达，如果情况不佳，可能还要花更长的时间。此外，我们只见过一只野兔和旱獭，路上设下的陷阱一无所获。很明显，整个山谷都没有动物居住，只要我们留在这么丰饶的牧场上，情况就不会有什么变化。

我们很难计算那些损失的时间，但选择这条路肯定是明智的。因为我们知道在库伦南部的草原上有许多很好的猎物，尽管没有我们的目的地那么多样。蒙古的夏季是如此短暂，以至于每一天我们都必须充分利用，才能获得有价值的成果。

那天晚上，当我们决定必须返回时，伊薇特和我都很沮丧。如同许多其他夜晚一样，这晚我希望我们可以坐在自己的篝火前，不讨好任何人，只为了我们自己。然而，一旦做出决定，我们就试图忘记过去的日子，并决心在未来弥补失去的时间。

蒙古草原

第八章

草原的诱惑

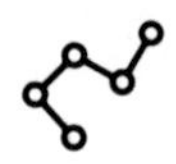

6月16日，星期一，我们离开库伦，沿着古道向南前往卡拉根。就在几周前，我们还坐着汽车在起伏的路面上掠过，一天的时间开了数10英里的平原，但现在对于我们而言还有另一个意义。第一个晚上，我们坐在帐篷前吃饭，看着长满松树的宝格达山上的落日余晖渐渐褪去，我们感谢上帝，在这漫长的五个月里我们可以远离喧嚣嘈杂的20世纪，像蒙古族人一样生活。我们知道沮丧的日子已经结束，我们开始了解沙漠生活的秘密。虽然我们已经发现了一些秘密，但那只不过是冰山一角。

在距库伦25英里处，我们看到了6只旱獭和一种我们从未见过的地鼠。次日下午2点，我们从图拉河流域爬上长长的山坡，抵达了高原，起伏不平的原野和沙漠一直延伸到600英里外的中国内陆的边缘地区。在我们面前有三个池塘在阳光下闪闪发光，就像银色的镜子一样。远方一座隐蔽于角落的山上矗立着一座被灰白色蒙古包包围的小庙。

我们的蒙古族向导告诉我们远处还会有一片直径35英里宽的池塘，我们决定在最大的池塘边扎营。这是一个美丽的地方，两边都是平缓起伏的山丘，前面是被小路切开的一片平原。

帐篷一搭好，伊薇特和我就跟着喇嘛带着一袋捕兽夹骑马离去。在离营地不到 300 码的地方，我们发现第一只旱獭。当它消失在地下时，我们小心翼翼地在洞口埋了一个钢质陷阱，并牢牢地把它固定在一个帐篷的铁挂钩上。我们用石头和泥土堵住所有其他的洞口，因为每个洞通常有五六条隧道。在我们工作的时候，其他洞里的旱獭好奇地探出头看着我们。我们设置了九个陷阱后就回去吃晚饭了。

我们的两个中国标本剥制师已经安放好了一百个用于捕捉小型哺乳动物的木陷阱，天黑前我们检查了他们安置陷阱的地方，其中一个已经抓住了一只灰色草原田鼠，这只和我们之前在图拉河河畔见到的田鼠是完全不同的物种。伊薇特发现一个半埋在土里的较大的陷阱捉到一只毫发无损的旱獭幼崽。这只幼崽有 10 英寸长，身上覆盖着柔软的黄白色毛皮。

第二天天亮的时候，喇嘛来到我们的帐篷告诉我们其中一个陷阱捉到了一只旱獭。这个男孩像 10 岁的孩子一样兴奋，天刚亮就起床了。我们穿好衣服后，跟着他到了第一个洞穴，一只旱獭的后腿被陷阱牢牢地夹住。在几码远的地方，我们捉到了另一只雌旱獭。第三个陷阱被拉到洞里去了；另一端是一只硕大的雄旱獭，但它在洞穴的弯道里扭曲了一半的身子，我们用尽全力拉住它，使它动弹不得。最后我们放弃了，只好把它挖出来。对于这么小的一只动物来说，它已经展现出了非凡的力量。

能如此轻易地捕捉到这些旱獭，我们感到特别高兴，因为在库伦时有人告诉我们即便是蒙古族人也不可能捕获它们。我对此困惑不解，因为它们和美国的“土拨鼠”很相似，而且每个乡下男孩都对土拨鼠非常熟悉。后来我才知道当地人失败的原因。在库伦市场，我们看到了一些和我们使用的一模一样的双弹簧陷阱，但我仔细观察后发现这些弹簧是俄国制造的，这些弹簧弹性太差，几乎是无用的，但这是蒙古族人所见过的唯一的钢质陷阱。

人们认为是旱獭导致了几年前从满洲里席卷到中国北部的东北鼠疫。但我从北京研究该疾病的洛克菲勒基金会的医生那里了解到，该疾病与动物之间并不是有绝对的关联。

旱獭在冬天冬眠，10 月初的时候它们就退到自己的洞穴里不再出现，直到 4 月才出来。当它们在春天第一次出来的时候，它们的皮毛是亮黄色的，与青草形成了鲜明的对比。6 月中旬以后，黄色的毛开始脱落，露出非常短的灰白色新毛。当然，这样的毛皮是不具有商业价值的。从夏季至初秋，旱獭长出了一层长长的、柔软的灰棕色毛皮，具有可观的经济价值。这些毛皮通常被运到欧洲和美国，过去的冬季（1919—1920 年）特别流行将旱獭皮制成外套里衬。

我们有机会看到大城市的需求是多么迅速地直接传达至数千里之外的生产中心。当我们在 5 月份去库伦时，一张旱獭皮卖 30 分。10 月初，当我们回来时，同样的一张毛皮卖 1 元 25 分。

当地人总是射杀动物。蒙古族人将一只旱獭赶入它的洞穴后，他就会静静地在洞的上边等待旱獭再次出现。一般会等待 20 分钟甚至一小时，但东方人的耐心让他们很少注意到时间。最后，一个黄色的脑袋出现了，一双闪亮的眼睛快速地扫视四周。当然，它们看到了猎人，但他看起来只是一个土堆而已，旱獭往上探出几英寸，猎人依然像块木头一样一动不动，直到旱獭从地洞里钻出来，他才开枪射击。

蒙古族人会有趣地甚至有效地利用旱獭的好奇心。蒙古族人把狗皮绑在马鞍上，骑马到达旱獭群的聚居地。他在距离旱獭群三四百码外下马，然后趴在地上并把狗皮披在肩膀上，慢慢地向最近的旱獭爬去，不时停下来吠叫，摇摇头。这一瞬间，旱獭全神贯注地看着它上蹿下跳、嘶鸣、吠叫，但是从来不敢离洞口太远。

当这只“假狗”前进时，旱獭感觉到似乎会有危险，它肥胖的身体因好奇和兴奋而躁动着。这只奇怪的“狗”突然倒下了，旱獭踮起脚尖想看看这“狗”到底是什么，接着便是一声枪响，“砰”的一声，百万件旱獭皮中又多了一件。

马门先生经常提到他看过旱獭跳一种非比寻常的舞蹈，当麦卡里先生和夫人回到卡拉根时，他们也看到了这种舞蹈，但我们从来没能有幸目睹过这种舞蹈。麦克说，两只旱獭用后腿直立起来，用前爪扶住对方慢慢地跳起舞来，好像在跳华尔兹。麦克同意马门的看法，这的确是他见过的动物做过的最不寻常、最有趣的事情。我完全可以相信，因为旱獭有很多奇怪的习性，这些习惯值得仔细研究。由于麦克是在 5 月下旬看到的，所以这种舞蹈就不可能是交配的表现了，那时旱獭的繁殖季节已经过了。

一天早晨，在“旱獭营地”（我们第一次真正开始收集旱獭标本的地方），伊薇特看到六七只旱獭在绿油油的草地上。我们带着枪去了那里，发现小家伙们像小猫一样玩耍，互相追逐和打滚。虽然我对于给它们的生活带来悲剧感到难过，但是我们需要它们来做标本。一组完整的旱獭家族的标本将会是博物馆里最有趣的展品，尤其是考虑到它们被报道与东北鼠疫有关。在夏季结束之前，我们收集了十几只旱獭标本，这一系列标本展示了从第一只黄色的旱獭到冬季的灰棕色旱獭的完全转变。

和大多数啮齿类动物一样，旱獭生长迅速。蒙古族人无法很快消灭它们，除非当地人使用美国的钢质陷阱。即便如此，蒙古族人也需要几年的时间才能消灭数以百万计的旱獭，要知道这些旱獭在蒙古北部的大草原上到处都是。

由于这些旱獭是典型的北方动物，这有助于我们划分出它们在亚洲的生活地带。我们发现这个地带的南部界线在叨林，离库伦175英里。一些分散的旱獭群生活在那里，但真正的“旱獭国”还要再往北大约25英里。

在经过一连串低矮的山丘后，我们到达了位于库伦以南80英里的第一个狩猎场，这里在史前时代可能是一个大湖盆地。当我们的帐篷在井旁搭起来的时候，在广阔的大草原上它们显得小得可怜。宁静的大草原如大海波浪般从每一个方向向远方延展开去，只有微小的浪花偶尔打破这一平静。两个蒙古包在草原的汪洋中航行，驶向天边，只剩下两个黑点。起初草原看起来平得就像一张桌面，只有当骑马的人走远了，洼地吞没了他们，我们几乎看不见他们的时候，我们才意识到大地并不平坦。

当我们的蒙古族邻居正式拜访我们的时候，我们的营地还没建成。一个身穿五颜六色的漂亮衣服的朋友骑马飞驰到我们的帐篷，一声“赛白努”[①]的问候过后，他蹲在门口拿出鼻烟并给了我

① 原文是“sai bina”，蒙古语，意为“你好”。——译者注

们一撮。这些草原的居民有一种安静的尊严。他们很少过分好奇，当我们表示访问结束时，他们立即离开了。

有时他们把碗装的牛奶块或大块的奶酪块作为礼物送给我们，我们则会把香烟或偶尔将一块肥皂作为回报送给他们。我听说库伦的蒙古族人特别喜欢肥皂，我便带来了一批各种气味比颜色更为诱人的香皂。我想不出他们为什么喜欢肥皂，因为他们把肥皂小心地收藏起来，但从来没有用过。

奇怪的是，蒙古族人除了"赛"[①]之外，没有其他词语来表达"谢谢"，但通常当他们想表示赞同或者道别的时候，他们会五指并拢握紧，竖起大拇指。在云南和西藏东部我们发现当地部族也遵循这样的习惯。我在想是否仅仅是一种巧合，在古罗马的角斗比赛中"竖起大拇指"意味着怜悯或认可！

蒙古族人告诉我们，在营地东边的起伏地带，我们肯定能找到羚羊。第一天早上，我和妻子单独出去了。我们骑马稳步小跑一小时后，登上了距离营地七八英里的山顶。伊薇特勒马停了下来，我坐下来透过望远镜扫视这片土地。在我们面前，两个小山谷汇聚成一个更大的山谷，我几乎立刻在2英里以外的山脚找到了6个橙黄色的东西，那是正在吃草的羚羊。过了一会儿，我便看清，左边的2只羚羊靠得很近，右边则有4只羚羊。我妻子用她的望远镜也发现了它们，我们坐下来计划如何跟踪它们。

显而易见，我们应该设法穿过两个小洼地，从山顶后面接近羚羊。我们慢慢跨越沟壑，使羚羊保持在视线内，接着它们突然在

① 原文是"sai"，蒙古语，意为"好"。——译者注

高地的保护下疾驰。我们来到羚羊群的正对面，然后下马，但距离它们仍然有 600 码远。突然，一种连猎人都无法解释的冲力驱使着它们跑动起来，像一道黄色光束，但它们逃到了对面的山坡上，便放慢了速度，慢慢地走向山谷。

令我们吃惊的是，四只羚羊脱离了羚羊群，朝着我们的方向跨过了洼地。当我们看到它们真的要冲过来时，我们飞跃上马鞍，疾驰到羚羊前面把路切断。羚羊立刻加快了速度，飞奔上山坡。我冲着伊薇特喊，让她注意那些旱獭洞。我甩起“忽必烈汗”脖子上的缰绳，“忽必烈汗”便像子弹一样飞奔了出去。我能感觉到它巨大的肌肉在我的膝盖间滑动，但它跑得又远又平稳，它的身体就像没有做出任何动作一样。我笔直地站在马镫上，回头看了一眼我的妻子，她像蝴蝶一样轻盈地骑在她的栗色马上。帽子不见了，头发在风中飘动，她兴奋极了。她跑得很近，几乎在我身边。一个旱獭洞在我眼中一闪而过。前方是第二个死亡陷阱，我向右拽紧“忽必烈汗”的缰绳。接着一个又一个的死亡陷阱，然而马儿却像猫儿一样都跃了过去。呼吸着新鲜而洁净的空气；飞驰的漂亮马儿；像黄色丝带一样在我们眼前飘过的羚羊群，这一切让我激动万分，这样狂野的画面让我感到兴奋。我突然意识到，我正像个印第安人一样大喊大叫。伊薇特也高兴得尖叫起来。

羚羊尚在 200 码之外时，我便拉紧缰绳。“忽必烈汗”僵直了身体，在 20 码之内停住了。第一枪打低了且打得偏左，但是这一枪让我看清了射程。第二枪过后，最近的那只羚羊跌跌撞撞，站稳后疯狂地转圈。接下来的两枪都打偏了，它消失在一座小山上。我们跳上马鞍，追击着这只负伤的羚羊。我听到我妻子尖叫着，看到她激动地指着右边那只倒下的羚羊。枪里只剩下一颗子弹，弹袋也空了。我又在50码外开枪，那只羚羊翻了过去，死了。

我和伊薇特牵着马走向美丽的橙黄色草地，我们俩在同一瞬间看到了羚羊角，我们开心得互相拥抱。一年中的这个时候，很少有机会捕到羚羊，而且它们只成群出现。这是一张完整的毛皮，一尘不染。它的角比我们在整个旅程中射杀的任何羚羊的角都要细。

“忽必烈汗”看着死去的羚羊，弓着脖子，好像在说：“是的，我跑赢了它。当我真正启动时，它就不得不放弃了。”我妻子抱着小马的头，同时，我把羚羊搬到它的背上，绑在马鞍后面。“忽必烈汗”饶有趣味地看着整个过程，身体丝毫没有颤抖，甚至当我骑到它背上时，它也丝毫不去在意那只横在它背脊上的死羚羊。显而易见，它是一匹非常特殊的小马。在接下来的几周里，它一百次地证明了这一点，我爱上了它，我从来没有如此爱过别的动物。

我和伊薇特骑着马慢慢回到营地，心中无比兴奋。我们意识到我们幸运地避免了脖子被折断的结局。这次狩猎教会我们不要妄图引导我们的小马走出布满旱獭洞的草原，因为马儿比我们看得更清楚，并且它们知道这些陷阱意味着死亡。

那天早上是我们有史以来最棒的一次狩猎。不可否认，一开始，在汽车上打猎是令人兴奋的，但是一个真正的探险家不会一直对此感兴趣。羚羊没有机会对抗汽油、钢铁和远程步枪，而骑上马背，情况反了过来。羚羊的奔跑速度是最好的马的两倍，它的视力等同于一个使用带棱镜的双目望远镜的人。一切因素都向着它，除了这两个：羚羊想围着捕猎者转圈的致命欲望和高速步枪。但一只羚羊以每小时50英里的速度跑在300码之外，它便不是一个容易打中的目标。

当然，大多数探险家在去蒙古地区亲自上阵之前，都认为这并非十拿九稳。但是，正如我在上一章所说，草原上的条件不同寻常，世界上其他地方的射击都无法提供参考。如果你能走到射程以内，射击像羚羊这样平稳连贯地奔跑的动物，并不算困难。关键在于练习，一开始，平均八颗子弹才能打中一只羚羊，但后来，三颗就能成功。

我们在新营地花了一下午的时间布置陷阱，以备不时之需。从长期经验中，我们明白，我们在清醒的每一秒都要工作。白天不断变长，直到晚上 7 点半，太阳才落在广阔的地平线之下。在一小时绚丽的黄昏之后，点点星光随之出现。到 9 点，蒙古大草原在寂静的夜晚平息下来。

凌晨 4 点，第一道光亮出现在东方。太阳升起之前，我们就吃过早餐了。我们的陷阱捉住了五只旱獭和一只漂亮的黄鼬。我从来没见过这么愤怒的动物，要不是它个头太小，我都以为它是中国龙的原型了。它细长的身子快速扭动，每根毛发都竖起来，愤怒地发出尖叫声，似乎用遍了鼬族的脏话来咒骂我们。

这种凶猛的小兽显然喜欢夜袭旱獭家族。我们很容易想象到，这个小恶魔是如何恐怖地袭击这样一窝舒服地依偎在洞穴底部的旱獭的。也许它对幼崽最感兴趣，无疑它会在几分钟内杀死每一只幼崽。鼬都是纯粹出于喜好而杀戮的，在中国，这样一只动物会在一个晚上杀光一群母鸡。

早上 6 点，我和伊薇特离开营地，与喇嘛一起骑马往东北方去。平原在长长的草浪中消失了。每爬升一次，我就停下来用望远镜扫视地平线。不到半小时，我们就发现了一群远在六七百码外的羚羊群。它们看到我们后立刻一溜小跑，紧张地盯着我们的方向。

我在山顶上下马，指挥喇嘛从后面向它们骑过去。我们在周围飞驰，切断了它们的路。当我几乎看不见他的时候，我们听到了马蹄声和马的喘息声。我向伊薇特喊了一声，松开了“忽必烈汗”脖子上的缰绳，“忽必烈汗”像一支黄色的箭一样向前冲去。伊薇特紧挨着我，远远地靠在小马的脖子上。我们朝羚羊群的对角线方向走去，它们逐渐向我们靠近，好像被一块强大的磁石吸引住了。我们走到一个凹地再爬上坡。我们腾不出马来，因为羚羊已经越过了山顶，到了我们视线之外，但是我们的马仍然全速冲上了山顶。我们可以在山顶上清晰地看到300码以外的羊群。

当“忽必烈汗”感受到我膝盖的压力时，它像一匹马球比赛中的马一样绷紧身体，我几乎在它鼻子底下开了枪。枪响过后，领头羊附近扬起了一层棕色的尘土。“过高，偏左！”伊薇特喊到。因此我的第二枪稍微放低了一点。第二枪打穿了一只羚羊的脖子，它像一张白纸一样飘落。我用脚步丈量了一下距离，发现我距它有367码远。那似乎是一个很远的射程，但后来我发现我几乎没有在300码以内的射程射杀过羚羊。

当我带着死羚羊来到“忽必烈汗”身边时，我的枪不小心打在他的侧翼，这令它非常害怕。它飞奔起来，伊薇特好不容易才追上了它。如果我独自一人，我可能要走很长一段路才能到营地。

这次经历教会我们，如果可能的话，千万不要在没有同伴陪伴的时候打猎。如果你的马逃跑了，你可能要走数英里，后果相当严重。我觉得没有什么比独自一人在没有马的大草原上更无助的了。数英里只有起伏的草原或广阔的沙漠，低矮的地平线一望无际，没有一幢房子。走在这广阔的草原里，你走得很慢，也走不远，一切都是徒劳。

这种感觉和独自一人坐在远航的小船上是完全一样的。你感到自己非常非常渺小，你意识到你实际上是大自然中微不足道的一部分。当我在大山里艰难地爬上了一座绵延数千英尺的山峰的时候，我有过这样的感受。大自然似乎充满活力和威胁，你要用大脑和意志来征服大自然。

我们刚开始在草原上工作的时候，很快就意识到在这里很容易迷路。辽阔如海的草原看上去似乎是绝对平坦的，但实际上它满是斜坡和坑洞，而且每个斜坡和坑洞看起来都是一样的。但过了一段时间后，我们就能找到方向了。蒙古族人都有出色的方向感。我们可以把捕到的羚羊放在草原上，然后离开一小时或更长时间。我们的喇嘛向导会将这个地方牢记在脑海里，然后从各个方向往返于此，带我们追捕猎物。等我们准备返回时，他会骑着他的小马准确无误地带着我们笔直如箭地回到草原上的那个点。

起初，当我们完全迷路时，他因为极好的方向感而得意扬扬。但在很短的时间里，我们学会了注意太阳的位置、地面的特点和风向。我们开始对自己更有信心了，但是只有经过多年的训练，我们才能接近蒙古族人的水平。一代代蒙古族人在草原上出生和长大，他们的生存取决于他们随意来去的能力。对他们来说，山、太阳、草、沙都是路标。

第二天下午，我留在帐篷里测量标本，而伊薇特和喇嘛骑马到我们早上打猎的地方去寻找一只羚羊，蒙古族邻居说它就死在不远处。6 点，他们骑马回来告诉我，在距营地 3 英里处有两只羚羊。我给“忽必烈汗”装上马鞍就立刻和他们走了。20 分钟后我们到了山顶，在那里我们可以看到羚羊在不到 500 码的地方吃草。

这个距离是有可能射中它们的，我从小马上滑跳下来，趴在地面上。我时而匍匐，时而站直身子，钻过 100 码的草地。我必须在离开草地的尽头前开枪，否则会被羚羊发现。前面的草丛完全挡住了羚羊，增加了难度，两只羚羊都慢慢地走着。第一颗射出的子弹偏低且偏右，但那只羚羊只是跳了起来，目不转睛地盯着我的方向。第二颗子弹射中了一只羚羊，它倒了下去。另一只羚羊像闪电一样飞驰而去，虽然我向它的白色臀部射了一枪，但没射中。

倒下的羚羊站了起来，拼命想逃走，但喇嘛跳上他的小马，抓住了羚羊的一只后腿。我的自动手枪不起作用，因此我有必要用猎刀结束它的生命，尽管我很讨厌这样做。喇嘛走了十几码，用长袍的袖子盖住了死去的羚羊的脸。对他来说，杀死任何一只动物甚至是看它死去都是违背佛法的，尽管吃肉是没有限制的。

蒙古族人把毯子放在马背上留作他的座位，并把羚羊放在他的马鞍上，我们骑马一路小跑着回营。西边的天空像油画一般，夜晚凉爽的风带来了新长出的青草的香味。我们不会和世界上任何人交换那个晚上。

第九章

叨林草原狩猎

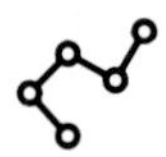

十天后，我们离开“羚羊营地”前往叨林草原。在前往库伦的路途中，我们猎获颇丰。我们的蒙古邻居一个接一个地骑马前来道别，给每个人送上哈达，以示友谊和祝福。一个对我们非常感兴趣的老年人邀请我们到他的蒙古包里喝茶。但那个蒙古包实在太脏太乱，看着很邋遢，准备茶的过程也毫无吸引力，我们好不容易才在茶正式端上之前从蒙古包里逃了出来。

伊薇特给这家人拍了照片，整个家庭里共有六只狗、一只小牛还有两个给家人带来很多快乐的孩子。我们骑马离开时，手里塞满了送行的人们给的奶酪和大块的羊肉。可惜，有一次我们下山坡，这些东西都丢了。蒙古族人热情好客、慷慨大方，常常会在送别的时候给客人很多吃的东西，但这些食物除非我们特别饿才会去吃。

刚开始一天半的旅程较为平静，山间中可以看见一些羊群和马群，这意味着山里可能会有蒙古包。在蒙古族人居住的地方，我们一般就不打猎了。尽管还只是 7 月 1 日，深井里面已经可以发现厚厚的冰层了。井水水位低于草原表面超过 15 英尺，深度之深，可以确保冰块儿安然度过整个夏天。但是据说，这些深井在寒冷的冬季反而从不结冰。

我在很多地方打过猎，就数这里的温度变化最快。白天最热的时候大约有29摄氏度，但只要太阳一消失，我们就需要穿大衣了，到了晚上要睡在毛皮睡袋里才能够抵御寒冷。

我们仍在慢慢朝南走着，距离库伦还有150多英里，我们在这里安营扎寨，准备再次打猎。大群大群的羚羊正从戈壁沙漠向北方牧草更为丰茂的叨林草原迁徙。一天傍晚大约6点钟的时候，一个羚羊群与我们不期而遇，当时的情形让我们屏住了呼吸。那个时候我们正在转移营地，妻子和我正随着前方1英里处的马车缓缓前行。那天，我们过得很愉快，也很有收获。伊薇特一直都在忙着摆弄她的照相机，我在一旁忙着挑选一只羚羊、一只大鸨、三只野兔还有六只旱獭。当我们骑马溜达的时候，突然看见厨师站在马车上，兴奋地朝我们挥手，让我们赶紧过去。

十几秒后，我们骑着马朝着马车跑去，心里想着厨师那边到底发生了什么。吕正朝我们跑来，在离我们大约20码的地方激动得语无伦次地说着话，身体还不停地发抖。他朝南边指了指，结结巴巴地说:“好、好、好多的羚羊在那、那、那边。好、好、好多，太、太、太多了。”

听到这些，我马上从“忽必烈汗”的背溜下来，举起了望远镜。毫无疑问，那边肯定有动物，我想肯定是羊或马。突然，一百多只动物跃入我的视野，有一大群还有一些小群在那里吃草。但是我记得，最近的水井在20英里开外，所以远远望去的这些动物应当不是马。我又看了看，确定那一定是羚羊，而且不是数百只，而是数千只。

沙漠上的一个孤独营地

库伦的拉森先生曾经告诉我们会有这样数量庞大的羚羊群，我们还从来没有真正见过。在我们面前，在目力所及范围之内，它们完全是黄乎乎的一大片生物。刹那间，我和伊薇特离开了马车，我们必须马上去追赶动物群。当我们离羚羊群大约半英里远的时候，它们抬起了头，开始跺脚，跑了起来，偶尔地会停下来瞪着我们。为了不惊吓到它们，我们慢慢地跟着，每过一会儿就跟进一点。突然，这群动物做出了决定，认为我们是危险的，羚羊群排成

一串，跑了起来，就像一群穿着黄色衣服的士兵。

我们才离开马车，我的马儿“忽必烈汗”几乎立刻就看见了羚羊，尽管它那天已经走了 40 多英里了，但它还是警觉地嚼着马嚼子，抬着头，耳朵也竖了起来。一听到我的命令，马儿就全力奔跑了起来。在奔跑的时候，马儿低着头，用尽每一丝力气向前冲，马腿都腾空了。它是一匹优秀的纯种马，能够平稳地奔跑很长距离，能够骑着这么优秀的马匹打猎，真是让人无比狂喜、血脉偾张。我还回头看了伊薇特一眼，她几乎与我并肩骑行，头发随风在身后飞扬，犹如披纱。她因为兴奋而紧张，眼睛闪着光，除了眼前的黄色动物群，她仿佛什么都不在意，就那么一直追着。马儿低着头，喘着气，灵活地飞奔着。它完全知晓我们的目的，知道如何奔跑。

上千只羚羊群奔跑的路线与我们追踪的路线呈斜对角状。如此宏伟的场景，一个人一生都难得一见，就连上帝也会觉得激动。当我们到达差不多可以进行射击的位置时，羚羊群突然转向，直接朝着远处奔去。一时间，漫天的尘土笼罩过来，天上的飞鸟都成了模糊的鬼影。

灰尘呛到了我的“忽必烈汗”，呼吸的热气从鼻孔中喷出，但它还是一直朝着黄色动物群奔跑。我快速拉动枪栓，站在马镫上以最快的速度朝着前面像鬼影一样的羚羊群开了六枪。然而，一枪都没有射中，但我还想开枪再试试。

羚羊群又跑了1英里，之后开始减速，接着停了下来。成百只的羚羊近在眼前，分成一群一群的，每一群大约有五十只到一百只。可以分辨清楚的大约有两千多只，西边的天际还有更多。我们让马儿休息了十多分钟，又开始骑着马追了起来，但还是一无所获，然后，又是第三次及第四次骑马追踪。不知为何，羚羊的奔跑路线从来不与我们骑行的路线交叉，我们刚刚靠近准备射击，它们就突然启动，逃跑开了。

过了一小时，伊薇特已经激动得筋疲力尽，所以我们就返回了马车，到了马车附近我们看见喇嘛坐在了她的位置。我们就此离开了这个庞大的羚羊群，转向南边，与道路平行而行。走了差不多

1 英里，又发现了更多的羚羊，就像刚刚被我们向北边驱赶的羚羊群一样，至少有上千只羚羊散布在各处安静地吃草。这看上去仿佛蒙古地区所有的瞪羚属动物都集中到了这几英里的草原之上。

我们的马匹已经非常疲惫了，于是我们决定不再去打扰正在平静吃草的羊群了。可怜的羊群实在是累透了，虽然还能站着，但低垂着头，对足下的鲜美小草无任何兴趣。我让喇嘛绕了个大圈躲在羚羊群的后面，而我则悄悄走到数百码之外，在一个本来是狼窝的土窝里躲了起来。

我用望远镜观察羚羊群近 15 分钟。羚羊们围成一个很大的半圆形在吃草，完全没有感觉到我的存在。突然，羚羊们抬起了头，朝西边盯了一会儿，然后像风一样跑了起来。大约有五百多只羚羊聚成紧密的一群，十多个数量少一点的羚羊群分布四处，到处乱跑，可惜它们就是不朝我这个方向跑过来。在喇嘛准备接近羚羊群之前他就被发现了，我们原先想要的驱赶羚羊群的计划没能成功。

蒙古族人就是用这种方法捕杀大量羚羊的。当一个羚羊群被发现之后，一队蒙古族男人就会在距离羚羊群 200 码至 300 码远的地方掩藏起来，更多人会朝着羚羊群驱赶追击，驱使羚羊群们朝着埋伏的猎手跑去。有的时候，羚羊们冲得太快，几乎就要撞上蒙古族人，它们看见人之后又会变得非常惊恐，因而径直跑开，这时它们的奔跑轨迹几乎就是射击的轨迹。

我不打算继续骑马追踪，我的马儿已经累得不行了，于是回头朝视线之外的马车走去。许多羚羊，单独一只或成双成对的，遥遥可见于天际之处，待我们纵马跃上一座小丘顶，正好看见五十多只羚羊在小丘下方。我们一开始并没有注意到羚羊，是我骑的马儿突然停了下来，马儿的耳朵也竖了起来。马儿回头看了看我，好像是对我说："你难道没有看见羚羊吗？"它还摇着头，轻轻拉动着缰绳。我能够感觉到此时此刻马儿的渴望和激动，以及它的颤抖。"好吧，老伙计，"我说，"如果你确实想，那我们就去追羚羊吧。"

我一声吆喝，马儿以巨大的爆发速度，朝着飞逃的动物冲了出去。此刻太阳像巨大的红球一样停在草原上，羚羊们跑出了一个漂亮的弧线直冲着太阳的方向而去。我们追到差不多300码的距离，还在继续加速。我感觉我必须开枪射击了，再过一会太阳就要直射眼睛，什么也看不见了。火光跃出我的步枪，我们听到子弹击中动物的"砰"的一声，第二枪，又是"砰"的一声，然后是第三枪。"三只，"喇嘛大声叫着，激动得直冲向前。

三只羚羊被击中后几乎躺在同一个位置，每一只身上都中了一枪。我拉枪栓及瞄准的动作很快，羚羊逃跑的速度也很快，能否击中就在转瞬之间，这需要脑、眼、手完美配合。毫无疑问，我并不是每一次都能够有如此完美的发挥。

被击中的三只羚羊中，有两只是才一岁左右的公羚羊，另一只是母羚羊。喇嘛将母羚羊放在了他的马上，我把另外两只绑在了我的马上。等我也骑上去之后，我的马儿差不多负载了大约285磅的重量，但它还是能够平稳地往回走着，完全不需要休息，一直走到6英里之外的马车处。

伊薇特还在担心我们会在越聚越浓的夜色中错过水井，以至于不得不在路边没有水源的地方宿营。我们携带的水所剩无几了，马儿的鼻子中也满是灰尘，我明白马儿的喉咙现在肯定干得冒烟，我把我的水分了一些给马儿饮用。当我把盛水的盘子伸到它面前让它喝水时，可怜的马儿没见过盘子，感觉有点害怕，只是嗅了嗅盘子就转过头去，哪怕在我用水润了润它的鼻子之后，它仍然不到盘子边喝水。

这让我难过极了，要知道今天我们打猎取得的成功，都要归功于我的马儿——“忽必烈汗”。它是一匹蒙古马，但也是一匹非常厉害的马，它的厉害之处，就像它的名字“忽必烈汗”这个鞑靼皇帝一样伟大。无论我指挥它去做什么，它都会全力以赴。你根本无法想象我是如何爱着我的马儿！

在我买了它之后的两周里，它就成了一匹完美的狩猎马。秘密就在于它像我一样，非常喜欢打猎。随马车一同旅行会让它感觉非常无聊，但一打猎它就会非常兴奋。它还有一个地方让人觉得非常了不起，那就是它经常在我们之前发现羚羊。我们在草原上漫不经心地慢慢走着时，它会突然昂起头，还会轻轻拉拽缰绳，当我探下身去拿步枪时，它就会因渴望和激动而颤抖。

在狩猎羚羊时，你得慢慢靠近猎物，一点一点地靠近。羚羊们已经习惯了看见蒙古族人，只要人们离羚羊的距离不少于五百或六百码，它们就不会开始逃跑，但是，一旦羚羊开始逃跑，就得要一匹快马才能够追上。当动物逃跑的路线与你追踪的路线交叉时，要立即停下来。我的马儿“忽必烈汗”对此技艺非常娴熟。只要它感觉到我的膝盖传递给它的压力信号，我再轻轻拉一拉缰绳，马儿的身体就能够完全停住，像马球比赛中的马一样立刻就刹住了。无论我是在马上射击，还是直接在它鼻子下方射击，它都没有丝毫不适。远方的羚羊在飞奔，我的马儿却能够冷静地观察等待。我们一路骑行穿越草原，如果突然有小鸟掠过或野兔跃出草丛，它就会像猎狗一样兴奋地追去。我骑在马上，经常被它带着去追那些我从来没有见过的动物。

相比之下，伊薇特的马在捕猎羚羊方面就不是很厉害了。伊薇特的马根本不会呈斜对角直插羚羊群，而是随着羚羊群跑动。当需要立即停住时，我得全力拉住缰绳，才能够让马儿从飞驰中慢下来。这样一来，我就失去了射击之前无比珍贵的数秒时间。我也尝试过十几匹其他的马，但它们都比不上我的马儿“忽必烈汗”。这些马都不如我的马儿聪明，也不喜欢打猎，这两点恰恰是凸显我的马儿“忽必烈汗”最为可贵的地方。

在遇到大群羚羊的第二天早上，我们在叨林喇嘛寺以北 30 英里处的一个水井旁露营。附近有三四个蒙古包，一小片浅凹地上有一个领着 250 多头骆驼的商队在休息。从我们的帐篷门向外望去，可以看见叨林山蓝色的山顶，眼前草地上的情景仿佛是一幅永恒的动态图画，有骆驼、马匹、羊群及牛群在那里寻找水源。整整一天，成百头牲口簇拥在井旁，还有一两个蒙古族人在那里用木桶给水槽灌水。

水井旁的生活是非常有趣的，这里是草原上所有漫游者的一个重要聚集地。就在我们搭好帐篷之后，来了一个庞大的满载货物的疲惫的骆驼队。巨大的牲口跪了下来，身上的货包被卸下来后，它们站成长长的一排，安静地等待着喝水。水槽处挤着十几头牲口，威严地抖动着垫了脚垫的蹄子，缓缓移向一边，跪在地上，慢慢咀嚼反刍的食物，直到其他牲口也聚到一起。有时候，商队要等几天让他们的牲口得到充分休息和饮食后才走，有时候又会在黎明破晓之前就离开。

在叨林平原，我们愉快地看见了羚羊幼崽。我们所发现的巨大羚羊群，主要是生下幼崽的母羚羊。过上几天，它们就会分开，形成五只到二十只的小群体。

我们是在 1 月 27 日发现第一只羚羊幼崽的。那天，我们看见六只的母羚羊在附近不停地绕圈跑着，我们怀疑它们的幼崽应当就在附近。更为确定的是，我们的蒙古族猎人在草原上一片比较平整的地方发现了其中一只幼崽。幼崽一动不动地躺着，脖子向前伸着，就像它的母亲在看见我们骑马跑过去时，告诉它原地躺着不动一样。

伊薇特朝我喊着："一定要抓住这只幼崽，拜托了！我们可以用牛奶养活它，它肯定会是一只非常可爱的小宠物。"

"嗯，好的，"我回答说，"我一定帮你抓住这只小羚羊。等我们回到营地，你就可以把这只小家伙放到你的帽子里面了。"

我对即将发生的一切一无所知，因而欢欣雀跃。我下了马慢慢朝这个小家伙走过去。它还是一动不动，直到我拿出我的射击服外套，铺在它的面前。之后，我看见了这只只有兔子般大小的小家伙，它有着褐色的身体，身体上还摇晃着白色的斑块。突然，这小家伙一闪，朝着草原加速跑开。这个幼崽还只是摇摇晃晃地跑着，这可能是它第一次用自己纤细的腿脚奔跑，跑过数百码之后，它就能够像妈妈一样平稳奔跑了。

我惊讶地看着，在那一瞬间，我就这么盯着它。后来，我跳上了马背，纵马追向这只褐色的小动物。追了半英里就追上了，但这场追逐的游戏却还没有结束。小家伙害怕地咩咩叫着，突然转向了左边，在我们能够转弯之前，它又跑到了100 码外。一次又一次，我们几乎都抓到它了，但是每一次它都能够躲开并逃离。半小时之后，我的马儿就气喘吁吁，我不得不换骑伊薇特的栗色公马。之后蒙古族猎人和我一起又追了一次，但还是没有追到，我感觉我们好像是在追逐一缕变幻的阳光，怎么也追不到。最后，我们不得不放弃了，看着小家伙踉跄着跑向它那在远处转悠的母亲。

草原上还有很多其他幼崽，但我们都没有抓到，不得不空手向营地走去。这些羚羊幼崽都才出生两三天。后来，我们找到机会追一只小羚羊，追了差不多1英里，最后捕捉到了这只才出生几个小时的小家伙。要不是它在躲闪马腿时受了伤，我们可能根本抓不到它。

大自然在其伟大的对生命的安排中，赋予羚羊幼崽难以置信的速度以保佑它们，即便是野狼也只能在羚羊出生的头几天才有可能猎捕到羚羊幼崽。当幼崽长到两三周后，它们就会与母羚羊组成六至八只的一群，这些小家伙会像小小的、褐色小鸡一样围着它们的母亲转，那种场景真是非常幸福、美好。在沙漠中生存还需要另一个奇迹般的前提，那就是胃里面的消化液可以作用于它们所吃的草本植物淀粉，并产生所需的水分。通过这一方式，有些物种几乎就不需要喝水。

羚羊会挑选平坦草原来生幼崽，还要避开最危险的敌人——野狼。母亲会教导刚刚出生的幼崽，只要没有被发现，就要保持一动不动。非常明显，这些小羊都是6月的最后几天及7月的头几天出生的。我们遇到过的最大的羚羊群可能正朝着北边迁徙，那边有着更好的草场，也更加适宜小羊的出生。在这期间，成年公羚羊会离开羚羊群，单独前往丘陵地带，因此羚羊群中仅有母羚羊及幼崽。要识别草原上的母羚羊是否有小羊，非常简单，一般情况下，有了小羊的母羚羊会围着小羊所在的位置绕圈跑，怎么赶都赶不走。

从卡拉根到库伦的路程中，我们只碰到了两种羚羊。我曾经描写过的一种，也是我们后来比较熟悉的一种，那就是蒙原羚。另一种是鹅喉羚。在西部戈壁比较多的是普氏原羚，但我们考察过的地区都没有这种瞪羚。

根据观察，在卡拉根与滂江之间、叨林与库伦之间的丘陵草原很少会发现鹅喉羚，这种羚羊基本都是生活在滂江及叨林之间的戈壁沙漠，在很多干旱地区的石滩或草丛中，经常可以看到这种羚羊的身影。此外，在戈壁沙漠的南边和北边都有较多的蒙原羚，但在卡拉根及库伦之间的广大草原上也不时分布着这种羚羊。

5 月的旅程中，我们在滂江草原对羚羊进行了拍摄。拍摄的时候，两种羚羊都出现了，但鹅喉羚要比其他非本地品种的羚羊多得多。这种羚羊与蒙原羚的区别比较明显，身体要小一些，颜色更深些，长长的尾巴经常竖着，蒙原羚的尾巴一般都比较短。两种羚羊的羊角在形状上差别很大，很容易区分。

在冬季，这些羚羊会长出长长的松软的浅褐色羊毛，但头部及脸部又是红褐色的。在夏天，羚羊的毛会变成橙褐色。冬季的长毛在 5 月就会脱落，夏季的短毛会在 8 月底至 9 月初的时候脱落。

两种羚羊都有着较大的喉部，这也是得名鹅喉羚的原因。但我完全不知道，它们长这么大的喉部到底有什么用途。显然，这并不是为了让它们拥有非同一般的嗓音。羚羊受伤时，我曾经听到过它们发出的低沉的吼叫，声音其实也不大。我们用福尔马林对鹅喉羚进行了保存，准备进行解剖研究。

尽管这两种羚羊基本上生活在同一地区，但很少相互交往。我仅仅在滂江草原看见过一次，两种不同种类的羚羊在同一羊群中奔跑，并且很有可能是因为受到了汽车的惊吓。我怀疑，除了极少数的情况，这两个不同种类的羚羊应该从来不会异种交配。

这种动物能够高速奔跑让我感到非常惊讶，毫无疑问，很多自然科学家也会对这种速度感到惊奇。如果不是我们利用汽车的迈速表对羚羊的奔跑速度进行了准确测量，我可能不敢声称它们的速度达到了每小时 55—60 英里。另外，这种动物只能在短距离内保持这种高速，大概也就是 1 英里，如果不是受到惊吓，它们一般也不会以这种极高的速度奔跑。一般它们奔跑的时候，与我们的汽车或马匹保持一定的距离，只有在我们射击时，它们才会展现所具备的高速能力。当子弹射向羚羊附近时，它们会先将身子向后缩上几英寸，然后飞速奔跑，快到看不清楚它们的腿的程度。

当然，它们发展出这种奔跑能力，主要是为了躲避天敌的捕食。它们最大的威胁是野狼，但野狼的速度一般不会超过每小时 30 英里，所以，能够快速奔跑的羚羊在一般情况下是安全的，除非是在猝不及防中被捉到。为了防止这种情况发生，羚羊经常待在空旷的草原，不去野狼能够躲藏的岩石和崎岖的山区。它们也经常到丘陵地带，但一般只待在有缓坡的地方，这样才能够确保有足够的空间来保护自己。

羚羊全速奔跑时的动作非常平稳。我常常看见羚羊在没有受到惊吓时随处跳跃，但是，如果羚羊要在极短时间内快速逃跑，它们就不会做跳跃的动作。就像鹿一样，羚羊前腿的主要功能是支撑，后腿才是主要的动力来源。如果一只羚羊仅仅伤到了一条前腿，那么其奔跑速度还是能够快过马匹，但如果伤的是后腿，它就跑不过马了。我曾在本书第四章结尾的地方说过，有一次，我们坐着汽车追过一只两条前腿以下部位受伤的羚羊，它的奔跑速度达到了每小时 15 英里。蒙古草原的土壤较坚硬，没有灌木或其他障碍物，非常适合高速奔跑。

猎豹或者说是非洲豹以能够高速奔跑著名，它们比非洲的任何其他动物都要跑得快。而我常常会想，如果猎豹和蒙原羚赛跑，到底谁会赢。不幸的是，非洲的自然条件不太适于开着汽车打猎，所以猎豹的速度也就没有事实数据来证实。

在这个营地以及在返回库伦的路途中，我们进行了好多次精彩的狩猎。每一次都有各自独特的魅力，每一天我们都能够对羚羊的生存历史有新的了解。我们需要很多标本，为美国自然历史博物馆新的亚洲生物展馆布置一个动物展组，另外还需要一组能够代表亚洲不同年龄、不同性别的各类动物，以供科学研究使用。我们回到库伦时，已经猎捕到了足够多的动物。

其实，狩猎仅仅是我们工作的一个方面。我们通常在下午 2 点钟返回营地。一吃过午餐，我妻子就会忙于她的拍摄，我自己会忙于标本处理及编目等有着无数细节的工作。到了 6 点，两个中国标本剥制师扛着装了捕兽器的袋子和我一起离开营地。有时我们会走上数英里，小心地看着地上有没有洞以及旱獭的痕迹。在找到合适的地点之后，我们就会设置 80—100 个陷阱。我们有时会找到草原田鼠的领地，那里一般会有很多地道，有时还会发现沙鼠的洞穴。这些小动物还没有家鼠大，脚上包裹着软软的毛皮，就像因纽

拿着套索的蒙古族牧人

特小孩的拖鞋一样。

下午晚些时候，我们返回营地时，时不时会看见一种袋鼠，跳跃着穿过草原，我们追过去后它们就会躲进洞里。第二天，我们就到发现它们的地点，设置陷阱来猎捕这些小动物。它们都是些温顺的小动物，眼睛又大又圆，耳朵细长，尾巴末端有长毛，就像箭尾的羽毛。它们的名字清楚表明了它们的样子——小袋鼠。但实际上，它们是啮齿类动物，而非有袋类动物。我们通过化石痕迹可以发现，在地球更新世早期的冰川时期，大约 10 万年前，这些种类的哺乳动物曾经大举入侵到欧洲，我们在这样一个愉快的下午，在

蒙古草原竟然捕捉到了这种古老的生物。

两个月后，我们恋恋不舍地返回了库伦。我们的这个夏天主要分成了两个部分，一部分是在草原南部度过的，一部分是在库伦北边的森林度过的，我们的前半部分工作也已经完成了。工作结果比较令人满意，我们的箱子里装了 500 件标本，但因为要离开，我们很难过。海一样无边无际的草原，清爽愉快的晨间纵马，充满魅力的星空之夜，充满了我们的身体。即便是那些未知森林的诱惑，也不能令我们忘却草原的美丽，我们已经深深地融入了草原。

第十章

喇嘛城的探险

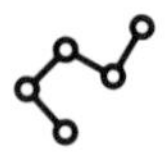

7月晚些时候的一天下午，我和妻子闷闷不乐地站在库伦周边一条道路的中央。道路的尽头是一条泥泞的河流，我们不得不停了下来。这里本来不是一条河流，我们曾经在这条路上走过好多次，泥土路面上原来只有一条小溪流。我们原先打算晚上到库伦宿营，可是现在看起来是不可能了，所以心里感觉很不高兴。

至少那些蒙古族人认为今天是不可能到达库伦了，他们不打算接着走了，所以我们也不得不暂停了旅程。蒙古族人具有东方的哲学思维，平静接受了道路变成河流的事实，开始张罗架设帐篷并准备宿营。山腰上很快就搭起了很多帐篷，帐篷的门口也烧起了干粪篝火。百辆牛车有秩序地排列着停了下来，拉车的牛在山腰游荡、吃草，还有些牛睡在牛车旁边，反刍着胃里的食物。过上几个小时、几天或几周，这条河流就会消失，人们将接着赶路前往库伦。其实，没什么需要担忧的，等一等就好了。

有两个极具探险精神的人，带着一百多头骆驼，试图涉水通过河流。这些大牲口迈着威严的步子走进水中，在河水的中游，挤做一团，远远看去，它们就像黄褐色的一大团色块。这下刚刚还威严的姿态消失了，壮实如山一般的躯体在河流中央惊恐地抽动脖颈，乱舞着尾巴，乱作一团。

有一辆汽车被困在了两条激流中间尚未被水淹没的小岛上。有人告诉我们，汽车的驾驶员成功地穿越了第一条水流，但被第二条水流给困住了。汽车的化油器进水，在汽车再次发动之前，河水就已经上涨得很高了，车上的人全部困在了小岛上。

我和妻子都没有东方人那种对生活随遇而安的哲学天性，离库伦只有一箭之遥了，我们却不得不在这里宿营，这真是让人有点恼火。但我们又不敢离开我们的车队，车上可是装载着很多珍贵的标本，不敢直接交给伙计，他们更怕好奇的蒙古族人会围过来，真是烦人。

这一个月几乎没怎么下雨，我们一直在草原上打猎，但是，就在我们距离库伦还有 150 多英里时，却是天天下大雨。仲夏时节，强降雨云向南移动，雨水冲刷着 5000 多英尺高的郁郁葱葱的“神山”。不久之后，山间的每一条小溪都变成了巨大的激流，但雨水来时急、去时快，第二天早晨便晴空万里了，阻挡我们道路的河流已经没有了昨天的气势，水势小了下来。山谷里面的人、牛、马、车都动了起来。众多的驼队、马车、马夫组成了五彩斑斓的队伍，我们也走进了队伍之中，甚至昨天还泡在水里的汽车在两个大胡子的俄罗斯人使劲踩油门时，也咳嗽了几声，喘息着发动起来，又开始了前往库伦的征途。

我们在一片漂亮的草坪上建起了宿营地，距离库伦最有意思的喇嘛寺还不到 100 码远。这是这个城市里的外国人所说的“活佛兄弟的房子”，因为呼图克图活佛已故的兄弟曾住在这里。寺庙集

西藏牦牛

中了很多让人着迷的建筑类型，有雕龙刻凤的山墙、五彩斑斓如天上彩虹的凉亭。伊薇特和我都感到非常好奇，特别想知道围着寺庙建筑的高高栅栏里面到底有些什么。我们知道，让伊薇特也进去参观是不可能的。后来有一天晚上，我们顺着寺庙的围墙散步，朝着大门里面看了看，整个庭院空无一人，从里面很远的地方传来了很多人一齐诵经的声音。很明显，喇嘛们正在做晚课。

趁着没有人在门口，我们稍微往里面走了一点，想要快速地看上一眼。走进去之后发现整个庭院里面还是没有人，我们又溜过了第二个大门，站到了正殿的入口，也就是“大雄宝殿”[1]。天已半

① 蒙古甘丹寺的一切规制均仿照西藏甘丹寺，原文称主大殿为“holy of holies”，此处按照西藏甘丹寺的名字译为“大雄宝殿”。——译者注

黑，暮光之中，可以看见佛前蜡烛的点点黄色烛光。大殿两边有两行喇嘛成排跪拜。诵经之声不断，间或传来钹声及鼓声。

邻近寺庙有一座难看的外国建筑，还有一个巨大无比的蒙古包。这个蒙古包就是以前活佛兄弟住的地方。在寺庙的一角有一个装饰性的亭子，染着大红大绿的颜色。除了这些，寺庙的整个庭院非常空旷，一个人都没有。

突然，喇嘛中间传来一阵骚动，我们像受惊的兔子一样飞奔而去，躲在门柱后面去了。直到几天之后，我们才知道我们做了一件非常危险的事情。要知道，这个寺庙是库伦最神圣的地方之一，从来没有让女性进去参观过。如果那天蒙古族人看见我们走进寺庙，狂怒的喇嘛们会踏平我们的营地。

又过了几天，我们经历了另外一件事，这件事让我们明白如果涉及宗教迷信，麻烦就会很快出现。我和伊薇特将摄影机放在一辆马车上，我们请蒙古族人驾着车，爬上了一座高山顶，对库伦拍了一段鸟瞰的影片。山很高，我们自己骑着马上去的。拍好之后，下山顺着库伦的主街往回走，在最大的寺庙门口停了下来，我以前曾经在这个门口照过几张照片。我打算在这里也拍一段影片。

摄影机刚刚架好，就有大约五百个喇嘛聚在我们周围。一开始人群还只是看着我们摄影，后来，我们快要结束工作时，一个“黑蒙古族人”（也就是留着辫子、不是喇嘛的人）挤开人群走了进来，对喇嘛们大声训斥起来。又过了一会，他粗暴地抓住我的手臂。我感觉到麻烦要来了，就笑着用汉语说，我们马上就走。这个蒙古族人乱挥着做手势，还想把我拖进喇嘛群中，这时喇嘛们也乱了起来。我和伊薇特被分开了，离我太远对她很危险，我猛地挣脱胳膊，把那个蒙古族人掀翻在地，冲进围着伊薇特的喇嘛群中，和伊薇特一起背靠着马车，面对着人群。

我兜里有一把自动手枪，除非万不得已绝对不能使用，不然就相当于自杀。蒙古族人想干一件事，他肯定会干完。我们就这样站着，而怒视着我们的这些人在 10 英尺开外的地方站成了一堵墙，我们就这样对峙了至少 3 分钟。他们好像还没有想好下一步怎么干，在等领头的人出面。一个差不多 6 英尺高的人走到我面前，我和他面对面站着，手指头一直扣在口袋里面的手枪扳机上，我想着：“你敢动手，我就弄死你。”

在这一犹豫不决的要命关头，这个蒙古族人跃身跳上本来是我妻子的马，喊了一声，说要去见罗布藏杨森（音）王爷，然后就飞驰而去。太好了，杨森王爷刚好是我们的朋友，是一个很有势力的人。突然，人们都扭头去看这个蒙古族人了。只过了几秒钟，就有五十个蒙古族男人上了马，全速随他离开了。我爬上马车，对伊薇特喊，让她骑着我的马儿“忽必烈汗”赶紧跑，但她就是不肯离开我。我们一起骑着马奋力冲下了小山，把四下散落的喇嘛们抛在了身后。我们雇的蒙古族人断后，在这个关键时候，是他救了我们。

在库伦主大街的入口，我又看见那个“黑蒙古族人”，就是他在给我们找碴儿。我跳下马，抓住他的衣领和一条腿，想要把他扔进车里。我想找个没人的地方把今天他给我找碴儿的事情好好理论一番。

与此同时，一个身材魁梧的警察冲过来，佩着一把 5 英尺长的军刀，抓住了我马儿的缰绳。受到那个“黑蒙古族人”的教唆

（我后来才知道，这个“黑蒙古族人”也是个警察），这名冲过来的警察早就在这里等着，等我们进城的时候就逮捕我们。谁都不知道到底为什么会有人找碴儿，于是伊薇特骑着马赶去了慎昌洋行的院子，叫来了奥卢夫森以及他的翻译。到了那里，她发现整个庭院都挤满了蠢蠢欲动的蒙古族士兵。过了一会儿，奥卢夫森到了现场。经他担保，我们终于可以随他返回住处了。之后，他拜访了外交部大臣，麻烦该大臣给警察打了电话，让他们不要再骚扰我们。

这件事情一直都没有令人满意的解释，因为每个人都有不同的说法。最具说服力的一个应该是自从沙俄帝国崩溃之后，俄国人在库伦就成了不受欢迎的人，蒙古族人只要有机会就会骚扰一下俄国人。蒙古族人也分辨不了谁是谁，当地人把所有外国人都当作俄国人。那天，那个“黑蒙古族人”看到我们在摆弄一台奇怪机器时，他认为这可能是一个好机会，可以收拾一下我们这些外国人，在喇嘛面前好好显摆一下。于是，他就告诉喇嘛，我们正在对这座伟大的寺庙施加法术，我在那里上下左右来回摆弄着摄影机，看上去就像在施法。当然这也可能不是这件事真正的起因，但是，这个原因在我们听来还比较合理。

我们费了好大力气才把我们的喇嘛向导救出来。警察指控说，喇嘛向导在听到“站住”的命令时，仍然试图逃跑。他被释放后告诉我们，警察打了他好多耳光，耳朵也快被揪烂了，折磨了好长时间才放了他。他回到慎昌洋行的房子时，看上去被吓坏了，唉，何必折磨这个年轻人呀。这个年轻人说，能够从监狱中出来真是万幸，本来以为要在狱中待上一两周。

这整个事件很有可能会导致极其严重的后果，我们真是非常幸运，没有人受重伤，也没有人被杀。那个“黑蒙古族人”通过操控喇嘛们的迷信心理，成功地煽起他们的愤怒，而愤怒的喇嘛几乎什么事情都敢做。我真不应该让任何人将我和我的妻子隔开。在当时的情形，我很有可能会不得不使用我的手枪。如果当时开了枪，我和我的妻子就必死无疑了。

我们从草原到达库伦那天，城里发了大水。马市前面的大广场变成了积满巧克力色洪水的湖泊，一条棕色的急流自大街汹涌而下，所有的街巷积水均超过 2 英尺，泥泞不堪，行走极其艰难。泥水及膝，马匹左滑右倒，挣扎前行，溅起的泥水沾满我们全身。一眼望去，逃出城外的人让河谷早已变了模样。原本的河谷芳草盈盈，蒙古包星星点点，现在的河谷上有上百个蒙古包，且到处是或白或蓝的帐篷，好似一片军队营地，也好似巨大的蜂巢。

大多数从城里搬到这里住的人都是蒙古族人，他们在深谷里搭起蒙古包避暑。尽管最富裕的当地人可能会觉得，需要一所外国样式的房子招待他们的客人，但是他们很少住在里面。罗布藏杨森王爷就是在去年冬天建了他的宅邸。那是一栋俄式建筑，装饰有丑陋的地毯以及外国家具，让人看了不寒而栗。房子后面还有一个蒙古包，其实王爷在那里面才会觉得舒服。

罗布藏杨森王爷是个杰出的人，一个非常优秀的蒙古贵族。他头上造型优美的王冠，他脚下皮靴的尖头，无不显示着他是一位王爷。一天，我在他的房子里看见他斜靠在炕上，接见很多官员，他态度威严，极有权势，如同马可·波罗见过的蒙古王子一样。罗布藏杨森王爷喜欢和外国人交往，作为外国人，你总是能够在他的府上得到热情的接待。他讲一口流利的汉语，就蒙古族人来说，他受过罕见的教育。

尽管，他掌管买卖城的海关，在那里拥有相当多的不动产，他把这些都租给中国人作菜园，但是，他真正的财富是他拥有的马匹。在蒙古地区，男人的财富是以他所拥有的马匹而非货币来衡量的。当他需要现金时就卖出一两匹马，当他有多余的银子时就会再买上一些。广阔的草原就是他的银行，给他干活的牧人就是他财富的守卫者。

罗布藏杨森王爷的王妃长得非常漂亮，但看上去对生活感到些微疲倦。王妃有两串美丽的珍珠项链，出席正式场合时，王妃会梳起发髻、穿着锦缎的外套。珍珠项链从发角垂下，直至锦衣。平日里，王妃一般穿着宽松的红色长袍，看上去一点也没有王家风范。

当时罗布藏杨森王爷和王妃还没有去过北京，但他们都希望有一天能够到北京去看看。徐树铮将军在 1919 年 11 月发动政变时，罗布藏杨森王爷作为呼图克图的代表，第一次与拉森先生一起来到北京。有一天，我妻子在马可·波罗路[①]的女帽商店碰到穿着蒙古盛装的王爷。中国政府官员紧紧地陪着王爷，王爷看上去一点都不自在。后来不久我碰到了拉森，他说，罗布藏杨森王爷早就渴望回到他所热爱的蒙古大草原。

我们后来于 7 月中旬返回了蒙古草原，那正是蔬菜上市的好时节。中国人非常善于种植，每天会有新鲜的萝卜、甜菜、洋葱、胡萝卜、卷心菜和豆类上市，显示出蔬菜种植业良好的发展前景。

---

① 马可·波罗路，北京市东城区台基厂大街的一个曾用名。——译者注

博格达山以北雨量充沛、土壤肥沃，非常适于蔬菜生长，所出产的蔬菜又甜又嫩、个头还很大。我们在草原上时，主要是吃肉类，现在能多吃一点蔬菜，我们都感到非常高兴。我们也希望能够吃一些水果，但蒙古草原基本不出产水果，只有一点硬邦邦的水梨。

夏天时，拉森先生待在卡拉根。不过，奥卢夫森先生真是个好人，他允许我们使用他的房子来开展我们的工作。麻烦他这么多，我都有点不好意思了，但他总是那么热情好客，在百忙当中，还会抽出时间来帮助我们料理很多的细节：帮助我们打包在大草原上收集的标本，帮助我们做好进入库伦以北的森林，开始另一段旅程的准备。正是有像他这样的人，我们才能在世界的遥远角落开展科学研究。

库伦大庙

第十一章

蒙古族人的家庭生活

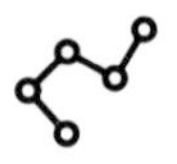

直到我们再次离开库伦，蒙古地区对于我们来说一直只是一片戈壁沙漠以及漫无边界、起起伏伏的草原。但是，当我们向北方进发的时候，我们发现，它还有山山水水、茂密的大森林以及美丽的花朵。

每次看到一片新的森林都会让我激动万分。无论是北方的松树，还是回归线附近的丛林，都充满了魅力和神秘。我走进其中时，心里充满了愉快的期许。那里一眼望去，好像什么都看不到，实际上却充满了各种各样可能的惊喜。我是如此期待，就像圣诞节早上期待着打开礼物的孩子一样。

蒙古地区的森林从来不会让人失望。我们是从库伦北部进入森林的，西伯利亚生物带在该地区与中亚地区的大草原毗邻，以树木为临界，该地区明显开始出现新的动物群特征。有人告诉我们，这里的色楞格河带来了肥沃的土壤。这里距离库伦只有 40 多英里，第一天的旅程非常轻松愉快。我们一直向北走，直到一个支谷，那里被长满树林的小山所包围，山谷里覆盖着成片的花朵，都是些我们从来没有看见过的花儿！一片接着一片的蓝铃花、勿忘我、雏菊，还有草甸毛茛和黄花九轮草等，将整个山谷变成一个广阔的、魅力四射的古典花园。当晚，我们在名叫大凹山（音）的山脚宿营，山的另一边就是色楞格河。

第二天早晨，我们没看到金色的阳光，醒来就是乌云漫天了，后来下起了大雨。这段时间诸事不顺，今天也是这样。有时候你真想去诅咒两句，骂两句，但是又不得不保持笑容，一直保持笑容……没人愿意在冰冷的倾盆大雨中打包、拔营、出发，但在色楞格河与我们中间还有三块沼泽地，这条河即便是晴天也很难通过。再下几个小时的雨，我们就根本无法通过了，也许会因此耽误几周的时间。

我和妻子回想起来，都觉得那一天和之后的第二天，是我们这一路中极度艰难的日子。经历了八小时几乎累到死的工作之后，我们的每一寸肌肤都湿透了，寒气刺透骨髓，终于我们穿过了第一个危险的沼泽地，到达了山顶。但是，拉着我们最宝贵物品的马车，在通过一个陡峭的斜坡时滑出了道路，栽到了山下的森林里。我和陈奇迹般地逃过一死，其他几个中国动物标本剥制师也安全无事。脱险之后，所有人都歇斯底里地欢呼着，似乎要将这一旅程压抑在胸中的痛苦和艰辛一并呼出。往轻了说，出这样的事情真是让人沮丧。天越来越黑了，我们只好在一个差不多 45 度角的斜坡上，在大约 12 英寸深的泥巴中宿营。第二天，我们收拢了散落四周的物品，修好了马车，重新上路，到达了河边。

罗布藏杨森王爷让我带一封信给住在色楞格地区的一个名叫次仁多吉的老猎人。我们来到这个美丽山谷的时候，他已经外出打猎六天了，他的蒙古包就安扎在这个山谷里。他的妻子热情地款待

商队穿越色楞格河

了我们，让我们品尝了一大盘乳酪。我们感受到了蒙古族人真正的热情。之后，我们在蒙古包 1 英里外的树林里安营扎寨了。

在等待次仁多吉回来的一周时间里，我们就在附近打猎和设置陷阱。附近的很多人家对我们的到来都很感兴趣，在每一家人都正式地拜访了我们之后，他们显然同意了我们住在这个地方。那个时候，我们就像游牧民，和他们一样过上了游牧生活。我们在树林里架起了我们的帐篷，他们在河边架起了他们的帐篷。几个月之后，当冬季的寒风横扫山谷的时候，他们就会赶着他们的山羊和绵羊，到可以挡住寒风的山区去过冬，我们也要开始去寻找新的猎场了。

没过多久，我们就听说了山谷里面的传言，其中一个是关于我们的一名标本剥制师的。这名中国动物标本剥制师爱上了一名蒙古族少女。实际上是两名少女，她们都在持续不断地诱惑着这个剥制师。她们在诱惑他的时候用了点淡香水，这个举动非常聪明，其中一个少女还用我的黄色香皂擦了擦小脸和小手。

我们的那位剥制师最终喜欢的是更年轻的那位少女，我就像一个父亲一样，微笑地看着这段野树林中的浪漫爱情。每一晚，只要外面出现了羞涩的笑声，陈就会来借一匹小马。我们承担着类似于监督人的责任，有的时候，我和我的妻子会漫步到树林边缘，看着陈一直走到山脚下。他的情人一般都会在那里等他，他们一起在月光中骑马远去，至于去了哪里、做了什么，我们从来不问。

我们也不会责备这个小伙子，毕竟蒙古草原的夜晚就是为情人准备的。他们的这些浪漫故事，已经放进我们甜蜜的回忆当中。无论我们到了哪里，一闻到松树的香味、沼泽地湿漉漉的味道，我们的记忆就会被带回那个美丽的山谷，我们就会再次记起那些晴朗无云的夜晚，以及月色的光芒。

无论白天做了些什么事情，我们最期待的还是夜晚的打猎。我们骑着马返回营地的时候，走在新鲜潮湿的空气中，在大片昏暗的森林中，可以看到越来越深的阴影。我们能看到山顶上像哨兵一样的松树。它们在天空玫瑰色光芒的衬托下，显出参差不齐的剪影。带状的轻雾在河面上来回交织，笼罩着银色的幽幽树林，最后在沼泽之上汇聚，成为如凝固了的波涛一样的大片雾浪。在月亮出现之前，我们可以看到闪耀的星辰，它们犹如夜空中的盏盏灯笼。整个山谷中，满是难以描绘的静谧。

没过多久，我们就与山谷中的当地人愉快地建立了良好关系。他们与我们分享着生活的快乐和悲伤，我们也会帮他们医治疾病。第一个来找我们帮忙的人是外出打猎的次仁多吉的妻子。有一天，她骑着马抱着一个两岁大的孩子来找我们。小家伙得了湿疹，过去的三周里，他们蒙古包附近的一个小寺庙里的喇嘛一直在尝试使用祈祷和咒语来给孩子治病，但没有效果。孩子非常幸运，我正好带着他需要的锌软膏，还没到月底，孩子就基本好了。然而，喇嘛却认为是他治好的病，要求支付他治疗孩子的服务费，次仁多吉只好给喇嘛捐了 100 元钱，喇嘛把钱放到了他“神圣”的钱袋里。第二个来找我看病的是一个肩膀脱臼的蒙古族年轻人，当我把这个病人治好的时候，那个喇嘛再次声称是他治好病人的，收取了 50 元钱，作为其祈祷的酬金。这样的事情持续了整个夏天：我治好病人，喇嘛得到金钱。

尽管蒙古族人都认可我的外国药物的疗效，但他们还是不愿放弃喇嘛以及喇嘛的祈祷。迷信的力量太强大了，他们害怕不给喇嘛钱，喇嘛会召唤一堆邪恶的鬼魂来骚扰他们的蒙古包，所以尽管他们不情愿，还是要给喇嘛钱财。我原本以为喇嘛会来和我协商一下治疗和收费的问题，但喇嘛从来就没有谈过合作的事，他在我们的营地附近长时间徘徊，还给我们带过来好几碗牛奶和奶酪。他只是一个行脚僧，并不是这里的常住居民，但他好像下定决心，我们不走他也不走，直到我们离开。

我们将营地搬到色楞格河附近之后不久，一个从库伦来的信差给我们带来了一大袋邮件，里边有一本《哈泼斯杂志》，杂志里刊载了一篇关于我1918年9月乘飞机到访库伦的报道[1]。我们的营地附近聚集了很多蒙古族人，次仁多吉的妻子也在人群里面。我尽力用我知道的汉语向这个猎人的妻子解释照片是什么东西，伊薇特带着相机在旁边等着，看看这些蒙古族人是否会同意照相。尽管这个蒙古族女人曾经到过库伦好多次，但她从来没有见过照片或杂志，我说了十多分钟，她还是不愿意照相。突然，她发现了杂志照片中有个蒙古头饰和她戴的非常相似，她震惊地吸了口气，向其他人指了指这张照片，大家看了之后，爆发出一片感叹声。还有一张照片是库伦的一座很大的寺庙，她曾经去朝拜过一次，众人看了之后又爆发出很多的蒙古语赞叹和感叹，她的朋友们纷纷向前排挤过来，争夺着观看照片的最佳位置。

在树林边缘宿营

① *Harper's Magazine*, June, 1919, pp.1-16.

这个消息在这里迅速传开，在接下来的几周里，男人和女人在营帐前排了四五十英里的长队，来看这本杂志。看到照片上库仑最神圣的喇嘛寺，也算是一次朝圣了。我敢说，没有任何一本美国杂志曾经受到过这样的顶礼膜拜，也没有任何一张照片比《哈泼斯杂志》这张照片拥有的观众还多。

一天，次仁多吉终于回来了，当时我们正和他妻子在山谷里面骑马。我们看见两个陌生的人影从树林那边过来，每个人都背着一支俄国步枪。他们的马鞍上系着半干的兽皮、四只狍子、一只香獐、一只驼鹿、一对带有柔软绒毛的麋鹿角。

色楞格山谷的蒙古村落

次仁多吉的妻子高兴得欢呼起来，向她的丈夫跑去。次仁多吉上了岁数，大约 55 岁，脸庞久经风霜，干燥得就如他马鞍下的皮革一样。他或许也非常高兴能够看见妻子，但他对妻子的问候仅仅是一声“你好”，然后朝我们点了点头。然而，他妻子的喜悦是掩饰不住的，当我们沿着山谷骑行时，她滔滔不绝地说着生意上的事情——添了六匹马，加了一群羊。猎人只是简单地说着一些单音节词语来回应，声音还很低，就像是从很远的地方传来，又像是从马蹄下面的土地里面传出来的一样。我曾经非常期待看到猎人回来时会有的欢迎场面。他的两个女儿和一个婴儿在门口等待着他，但是他连一句话都没有对他们说，只是在小婴儿的头上轻拍了一下。

蒙古族人的个性都比较独立，但次仁多吉在这个方面显得非常极端。他像一个独裁者一样统治着山谷里的家庭，他的指令会得到他人毫无疑问的遵循。我希望赶紧动身，于是宣布我们将在他回来之后的第二天就出发。“不，”他说，“我们两天后出发。”争论也没用。事情就按照他说的安排妥当了。在谈到他的薪酬时，他说了他的意见，我们认为太高了。他说，要么接受，要么算了，怎么样都行，反正他一个铜板都不会少。

实际上，对蒙古族人来说，钱往往很难打动他们。他们几乎可以生产他们需要的任何东西。他们冬天穿的是羊皮，除了羊肉几乎不吃其他东西。需要布料、茶叶或弹药的时候，他们只需要卖掉一只羊或一匹马，还可以直接同当地商人物物交换。

我们发现，每个蒙古族人做生意的方法存在巨大的差别。如果他喜欢你，你会有意外收获。如果他对这笔交易不感兴趣，金钱一般也诱惑不了他。蒙古族人的这种独立个性来自草原上自由的野外生活。蒙古族人完全依靠自己，因为他们知道，在生存斗争中，只有自己才说了算。

在一次穿越蒙古草原的旅程中，科尔特曼先生的汽车在距离一个蒙古包一箭之遥的地方陷入了泥沼。蒙古包前有两三只牛在吃草，科尔特曼请求当地人帮他把车拉出泥潭。舒舒服服地抽着烟、晒着太阳的蒙古族人对帮忙一点都不感兴趣，但后来却随意地说，如果给他 8 元钱的话，他就愿意帮忙，而且还不还价。说 8 元就是 8 元，给现钱，要不他连动都不动。把车拖到坚实地面的过程才用了 4 分钟。这个事情对蒙古族人来说是个例外，普通的蒙古族人本性都是非常善良的，一般都非常愿意帮助碰到困难的旅行者。

次仁多吉的特立独行经常让我们感到恼怒，因为他的这种性格反复无常，变化多端。我们其实也愿意去找别人，但是他说的话在这个村庄就是法律。如果他不同意，我们根本找不到其他人帮忙。但他也是一个经验丰富的优秀猎人，我们最后成了好朋友。

不过，他这种只听从自己、不听别人意见的习惯，有一次曾让我们陷入很大的麻烦之中。他经常用崇拜的眼神远望博格达山，还会时不时地不带枪就离开旅队，跑到博格达山神圣的森林里去。有一次，他跑到森林里时，碰到了一只漂亮的麋鹿，头上竖着一对他从来没有见过或梦到过的鹿角。他无法忘记这只麋鹿。他无论在哪里打猎，只要想到这只麋鹿他就会难受得像被针刺一样。尽管蒙古地区的法律和寺庙的喇嘛宣称博格达山里面的麋鹿是神圣的，但他实在忍不住了，最终决定去猎捕它。

到了差不多 7 月底时，他认为鹿角已经成熟且可以收割了，就再一次在夜里溜进了森林，爬上了山。他用了两天时间追踪并猎捕了那头麋鹿。巡逻看护“神山”的喇嘛听到了打猎的枪声，就一直追他。后来他躲进一个巨大的布满岩石的峡谷，才摆脱了喇嘛的追捕。喇嘛认为他还没有逃远，肯定还能够听到他们的说话声，于是喇嘛们就假装说人已经逃走，不用再追了，他们打算回去了。之后喇嘛们就找地方躲起来，等着他出现。一小时之后，次仁多吉从一个大石头下面爬了出来，被喇嘛们抓了个正着。

他被喇嘛们打了个半死，然后被送到库伦，昏迷不醒的他直接被粗鲁地丢进了监狱，而且被判坐牢一年。如果不是经常和他一起打猎的罗布藏杨森王爷设法让他出狱的话，他连一个月都活不过去。他的特立独行精神一点也没有因惩罚而改变，我感觉这个蒙古族汉子在死之前肯定还会到博格达山打一头鹿。

他回家三天之后，我妻子、我、他及另外三个蒙古族人一起出发，开始我们的第一次真正的狩猎。我们的装备只包括睡袋和马上可以携带的食物，当时真是一个亲近大自然的好时节。走了 8 英里之后，我们停在了一个小峡谷的入口处。我们在落叶松的低树枝上覆盖上帆布，搭了两个遮阳篷，一个给我们自己，另一个给猎人们。

只用了 15 分钟，营地就搭好了，篝火也烧了起来。篝火之上，烧着一个大大的铁锅，水温热之后，一个蒙古族人将一些砖茶放入水中，这种茶看起来就像是烟草粉末。黑色的茶水沸腾了十多分钟后，每个人都用木碗盛了满满一碗，并将一大块有陈腐味道的酥油放入木碗中，再加入大量细致研磨过的谷物。这就是西藏人所说的糌粑，蒙古族人制作酥油茶的方法和我们见过的西藏人的做法一模一样。然而，在我们捕到猎物之前，糌粑只是让蒙古族人维持生存的基本食物，肉食才是蒙古族人的主食，除了肉类，他们对别的东西很不感兴趣。

当天夜里我们没有打到任何猎物。两个蒙古族猎人错失了一头熊，我看到了一只狍子，老猎人次仁多吉在营地上方的山脊上射伤了一只香獐，但没有抓到。这些都没关系，我们还会接着打猎，我们知道明天到哪里去寻找这只受伤的香獐。第二天，天刚刚亮，我就和次仁多吉穿过布满露珠的草地沿山谷骑行。其间他停下来察看野猪的足迹，然后再沿着河床一直向前骑行。在森林的半阴半明的覆盖之下，灌木和树林看上去都好似平面的黑白画面一样。突然之间，太阳跃出了地平线，向森林中的草木倾泻下金色的光芒，整个森林瞬间醒了过来，就好像我们来到了一个阴暗的房间，突然之间碰开了电灯。树林和灌木丛有着不同造型的翠绿，美丽的林地大地毯上，繁花盛开，一片珠光宝气。

我非常想在美丽的森林里度过这个愉快的早晨，但我们知道，在开阔地带吃草的香獐在等着我们去猎捕。我们徒步穿过齐膝的草丛，爬上了一座小山。从小山峰看下去，草甸中没有什么动物，但是当我们顺着山脊一直走的时候，一只松鸡带着一群小鸡从空中快速飞过，然后又慌忙逃开，像一堆褐色的子弹一样冲进了树林当中。我们穿过一块平整的低地，在一个圆形的小山顶休息了一会儿。山下是另一个山谷，山谷向下呈斜坡状，沐浴在阳光当中。次仁多吉向右方缓慢行动，我用望远镜察看一块湿地的边缘。

突然，我听到了一阵闷闷的蹄声，于是将望远镜从眼前猛地拉开。一只巨大的狍子跳进我的视野，它头上有一对像皇冠一样的鹿角，距离我不超过 30 英尺。就在不到一秒的时间里，它突然停住了，头向后扬了扬，然后向着山腰跑去。就在犹豫的瞬间，我马上抓起了步枪，通过步枪的瞄准器瞄准狍子黄红色的躯体，在它即将逃掉的刹那扣下了扳机。我踮着脚向前方看去，看见它的四条细腿在空中舞动。它肩部被子弹射中，永远地倒在了地上。

我托起它漂亮的头颅，感到一阵狂喜，我的心脏不禁怦怦直跳。它是我见过的最完美的狍子，我像守财奴看着黄金一样心满意足地注视着狍子的躯体。即便是阳光照耀下的黄金，也没有夏天里这头狍子身上的皮毛漂亮。

这头狍子倒下的半山腰，就像一个有着各种各样花朵的花园。这里有蓝铃花、雏菊以及黄玫瑰，环境非常美丽。我们希望回到美国之后，在美国自然历史博物馆里按照这个样子来布置展馆的陈设。这只狍子要摆在正中央，整个蒙古都找不到能够和它媲美的动物了。

我伫立在灿烂的阳光中，心里计划着博物馆的陈设，我觉得能够成为自然学家实在是太幸运了。曾经有个探险家猎到一只狍子，取下了鹿头之后挂到壁炉之上或陈列室内。在接下来的一年时间里，只要他想起来，那早晨清新的空气、松树散发的清香、看到狍子时候的狂喜，这一切的回忆都会扑面而来。但是，这些回忆的画面只会浮现在他的脑海中。挂在壁炉上的鹿头不会给除他之外的任何人带来任何一点他所感受到的快乐以及他所见到的美景。

自然科学家愿意分享自己的愉悦，毕竟只有这件事对更多人有意义时，它才有意义。在自然科学家的指导下，博物馆建好了生物群落的陈设，原本潜藏在世界遥远角落里的每一个细节和每一份真实，都在博物馆里得到了重现。这里可以让成千上万的城市居民分享狩猎的乐趣，教会城里人认识一些他们所喜爱的动物以及一些关于动物家园的知识。

从自然科学家所经历的科学训练来看，他还拥有另一个快乐源泉。每一种动物都是解决大自然的某个问题的一个环节。也许它就是一个新的发现、一个还不为科学所知的物种。亚洲这个地方充满了这样的惊喜，我在这里就经历了很多。不管动物样本是大还是小，只要被你用猎枪或陷阱捕获，你就会惊喜地知道，你正在自然地图的空白部分勾画出了一小条新的线段。

在我注视这只倒地的狍子时，次仁多吉站在山顶像一尊雕像一样，他扫视着森林和山谷，希望我刚才的射击会惊起更多其他动物。过了些时候，他下山朝我走来。这个老猎人身上少了一些往常的平静，竖起了大拇指，嘴里念叨“好，好”。然后，他惟妙惟肖地打着手势，向我们复述了他是如何突然惊起了正在山顶下面吃草的狍子，又是如何看见我猛地扔掉望远镜然后射击的。

我们在狍子旁边坐了下来，充满仪式感地抽起了烟。次仁多吉切除了狍子的内脏，非常小心地把心脏、肝脏、胃以及肠子等脏器保存了下来。就像曾经和我一起打猎的其他东方人一样，蒙古族人一到达营地就把猎物的内脏煮着吃了，他们认为内脏是一种特别

一头蒙古狍子

的美味。

几周后，我们又猎杀了两只麋鹿，次仁多吉把麋鹿的肠子吹鼓，风干了保存。这些可以用作保存黄油和羊油的容器。他又鞣制了麋鹿的胃，做成一个可以存放牛奶和其他液体的水袋。他的妻子向我展示了一些非常漂亮的皮革制品，这些皮革制品都是她用狍子的皮做的。皮革鞣制及毛毡制作是我们在这一地区探险期间见过的蒙古族人的唯一产业。蒙古族人还进行伐木和烧制木炭，到了秋天就收割干草，除了这些，我们从来没有看到过他们从事离开马背的工作。

我们的第一次狩猎之旅持续了十天，在接下来的一个月里，还有许多其他的狩猎行动。我们变成了典型的游牧民，在一些与世隔绝的山谷里待一两天，然后迁移到其他的猎场。在那段时间里，我们在很多方面已经成为蒙古族人。我们内心深处隐藏的原始本能，对自然界微妙的吸引和诱惑做出了反应，无需任何刻意的努力，我们就进入了树林，投入到和草原上的孩子们一样的自由生活之中。

我们睡在星光点点的夜空之下，周围是明净、清新的森林；黎明的第一缕阳光照耀大地的时候，我们已经悄悄穿过露水打湿的草丛，追寻着麋鹿、驼鹿、野猪或狍子的踪迹；太阳高悬的时候，我们也像其他动物一样躲避热烈的太阳，午睡一会儿，直到太阳西垂，林荫拉长的时候，我们才会再次出发，进行夜晚的狩猎。在那些日子里，纽约这个地方听起来，就好像在离我们很远很远的另一个星球。我们在蒙古草原上过着非常快乐、非常平静的生活，一种城市里的人所不知道的生活。

在第二次狩猎的过程中，蒙古族人突然说，他们必须返回色楞格山谷。我们当然还不想回去，但次仁多吉非常固执。我们仅仅会说很有限的中国话，搞不清楚到底是什么原因让他们急于返回。回到营地，吕作为“翻译”，磕磕绊绊地解释说：“明天，有很多蒙古族人要来。”“骑着马，都是从北京那边来的。有两个人抓着不放，都摔倒了。”我妻子认为吕疯掉了，但在一闪而过的直觉中，我明白了他的意思，他很可能是说要开一个野外聚会。“骑着马，都是从北京那边来的”是指赛马；“有两个人抓住，都摔倒了”是指摔跤比赛。我认为自己太厉害了，这都可以猜到，吕也因此轻松了许多。

据我所知，体育比赛是每一个蒙古部落生活的重要组成部分。我们山谷里的家庭成员每年也要举行比赛。在库伦的 6 月，活佛将会出席盛大的体育比赛，尊贵无比的活佛将受到信众的顶礼膜拜，其盛况好比古代的皇帝出行。所有的蒙古贵族聚集在图拉河两岸，身穿最华贵的长袍，举行弓箭、摔跤、赛马等在东方非常著名的比赛。

对运动的热爱是蒙古族人比较吸引人的性格特征。一个外国人可以以共同爱好为基础与当地人建立联系。色楞格山谷的体育比赛就在我们营地下边一块狭长的平整地带进行。我妻子和我骑马到达森林外边时，很多蒙古族人从我们旁边急驰而过，身上穿着艳丽的火红衣服，帽子上还有随风飘动的孔雀花翎。他们向我们招了招手示意挑战，我们加入了这场狂野的骑马比赛，朝场地中央竖立的旗帜飞驰过去。穿着耀眼的黄色僧袍的喇嘛坐在山脚处，在他们对面就是比赛的裁判。虽然他们化过妆、戴着帽子、佩戴着绶带，但

色楞格山谷体育大会的摔跤手

我还是从众裁判中认出了次仁多吉。我简直难以相信，他就是和我们一起在营地生活的那个老猎人。（我猜想，他如果看见我穿着西方的衣服，也会大吃一惊的。）

裁判代表了最受尊重的部落信众，他们的面前摆放着一碗碗切成小方块的奶酪。观众中有两拨女人，她们坐在一起，与拥挤的人群稍微隔开一定距离，头上的发饰几乎都交织在了一起。她们身上的服饰异常豪华隆重，看上去就像一群美丽的蝴蝶，一时间从天上飞落到了草原之上。

第一场比赛是十几个 14 岁大小的男孩和女孩赛马。他们从起点出发，头发飘动着、呼号着全速向山谷冲去。冠军在两个蒙古族老人的引领下来到喇嘛的座席之前，磕了两个长头，之后，喇

体育大会的妇女观众

嘛奖赏给冠军一大把奶酪。冠军在裁判指导的仪式下，会将喇嘛奖赏的奶酪散发给四周的人。作为回报，裁判也会往冠军的手中塞满奶酪。

最终，所有参赛选手以及半数骑在马上的蒙古族人会在喇嘛面前排成队，聆听喇嘛吟经。蒙古族人围着喇嘛们绕成一圈，用脚踢着马，催促着马全力地奔跑。赛马结束之后就是摔跤比赛。摔跤手们一开始是相互拍拍打打，最终纠缠在一起时，就会相互抓住对方的腰带，通过抱摔尽力将对方摔倒。所有的摔跤比赛都结束后，一个高高的蒙古族人举起了一个黄色的条幅，后面跟着一个个骑着马的蒙古族男人和男孩，他们围着坐着的喇嘛们绕行起来。他们骑得越来越快，发出鬼怪一样的喊叫声，然后越过山谷，冲向最近的蒙古包。

尽管这些运动对蒙古族人来说都很平常，但是当时的场面极具特色。在长满了草丛的山丘对面，耸立着森林覆盖的山脉，层层叠叠、郁郁葱葱。坐在蒙古族人对面的身穿亮黄色僧袍、戴着尖角僧帽的喇嘛，佩戴着珠宝银饰的女人，半原始风格的吟唱，奔驰的骏马，这一切无不呈现出地地道道的蒙古风貌。这让我们惊喜，让我们陶醉。我们眼前的大会和约七百年前的是一个样子，这是一个从忽必烈汗时代就流传下来的古老风俗。就好像是几个世纪的面纱被掀了起来，就在掀起来的刹那，我们得以看见、记录并用摄影机拍录下这一段如戏剧一般的蒙古族的生活。

第十二章

森林中的游牧民

体育比赛结束三天之后，我们同次仁多吉及另外两个蒙古族人再次出发狩猎马鹿。我们沿着色楞格河一直骑着，大约走了 3 英里，有时候纵马涉过沼泽潮湿的边缘，有时候又走到半山腰坚实的土地上，之后再向西，爬上一个山坡，看到一块较低的高原，高原向前延伸，在两边的深色松树林间，绵延着如波涛般起伏的灌木林地。这是北方的风景，广阔无垠的森林，绿浪如滚滚波涛，超越西伯利亚的边界。

从高原上面下来，穿过由松树组成的深色“树墙”，我们来到一个美丽的山谷，这里到处都是公园一样的林间空地。天要黑时，次仁多吉突然穿过小河，走到一片漂亮的云杉树林中，两条河流在云杉树林处汇聚，将这片树林围成与外界隔绝的小岛，使这里成为理想的宿营地。在 100 英尺之外是完全看不见帐篷的，如果不算树林之上萦绕的小小烟圈，这里根本看不见我们出没的痕迹。

晚饭后，次仁多吉扛着一袋兽皮前往位于宿营地西边草甸的盐窝，打算在那里过夜。直到第二天第一缕曙光出现的时候他才回来，我当时刚好在冲泡咖啡。他对我说他听到了马鹿的叫声，但在盐窝没有发现动物。他让我顺着营地北边的山腰走，而蒙古族猎人则越过小山向西追逐动物。

我出发还不到一小时，刚穿过了深沟的最低处，就听到了一只马鹿在我所处位置的上方鸣叫。那叫声沙哑，很有可能是一只雄马鹿，但声音又有点低沉、有点大。听到鹿鸣，我高兴得像被电击了一下。听声音感觉鹿所处的位置很远，要比它实际所处的位置远得多。在我刚爬上山脊顶端的刹那，一只非常漂亮的雄性马鹿正好从林下灌木丛中钻了出来。就是它，它刚才应当是在山沟下面吃草。当它的身影出现在天际线的时候，它也看到了我露出的头。我身上穿着厚重的衣物，但当时没有机会射击，就算它在对面的山腰上多停留一会儿，树枝也会妨碍我射击。

我感到有些失望，只好循着这只动物的足迹追寻，直到它消失在密密的森林里。这只马鹿永远地消失了。回营地的路上，我猎到了一只狍子，也算是给了我受伤的心灵一点安慰。

我爬上了山顶，而我们就宿营在山谷之中，我又沿着山谷边缘慢慢走下来。我穿着软皮平底鞋，可以悄无声息地走在有弹性的苔藓地上，偶然看到一个黄红色的影子在茂密的草丛和斑驳的树叶间移动。我感觉那是一只麋鹿，因而兴奋得几乎停止了心跳，于是，我马上隐蔽到灌木丛后。此时麋鹿走到了开阔处，是一只有着一对漂亮鹿角的大雄鹿。我看了一会儿，压低准星，瞄准它的前腿部位开了枪。这只雄鹿猛地弹向空中，落地之后滚下山沟，四肢无力地踢着，我的子弹直接射中了它的心脏。我很少看见过动物被射中心脏当场死亡的，这是为数不多的一次。一般情况下动物都要奔跑几步，然后突然倒地。

这只雄鹿几乎和我与次仁多吉一起射杀的第一只一样大，但是它右边的鹿角是扭曲着生长的。非常明显，这只雄鹿年幼的时候曾经受过伤，但右边的鹿角继续生长，因为受伤，就没有长成正常的样子。

我到达营地时，看见伊薇特正在河边的灌木丛中采摘红醋栗。她的脸上和手上沾满了红色的污迹，看上去就像一个调皮的小男孩，从学校逃课，来到树林间玩耍。尽管山坡上到处都是蓝莓，但是草莓却很少见。我们在一块烧过的山坡上摘到了一袋覆盆子。用糖渍过的红醋栗也非常好吃。

伊薇特和我骑马来到我射杀雄鹿的地方，把它放在我的马儿"忽必烈汗"的背上驮回来。蒙古族猎人比我们早回到营地，他们没有猎到任何动物。当天，我们还在营地门前的河流里面发现了大鳟鱼。我们没有鱼钩和鱼线，但蒙古族人想出了一个捕鱼的办法，这个办法给我们带来了美味，但也让身体强壮的人瑟瑟发抖。蒙古族人堆了一个石坝截断小河，一个人慢慢涉水，用树枝拍打水面，驱赶鳟鱼游到浅水涟漪之处，之后我们迅速跳到水中，徒手捕鱼。虽然逃走了很多鱼，但我们还是将三条鱼围到石头中间，并最终捕获。

这些都是很大的鳟鱼，差不多有 3 英尺长。不幸的是，我没有办法保存这三条鳟鱼，我也不知道它们属于哪个种属。当地人经常使用渔网在图拉河中捕到同样的鱼，我们在库伦时也会时不时买来吃。捕获的三条鱼中的一条，经过称量，有 9 磅重。泰德·麦卡里曾经在库伦尝试用苍蝇饵来钓鱼，但他从来没有成功过，估计使用其他活的诱饵会成功。

8 月 20 日，我们露营的第二天。天刚亮时，我被雨打帐篷的声音吵醒，后来小雨变成了倾盆大雨。眼看不能打猎了，我就倒头接着睡觉。7 点时，陈在忙着架火，并跑过来说，他在对面的山上看到了两只马鹿。伊薇特和我马上爬出了我们的睡袋，正好看到一只雌鹿和一只小鹿的轮廓映衬在天边，后来它们就消失在山顶之后。半小时后，它们又回来了，我尝试着悄悄接近它们，但最终在雾中和雨中失去了它们的踪迹。次仁多吉认为，这些动物躲到山那边的一片森林中去了。我们尝试将它们驱逐出来，但跑出来的却是一只大约 4 岁的雄狍，蒙古族人一枪就把它射倒了。

我们骑马爬上山峰，沿着山坡蜿蜒前行，开始往回走时，我震惊地看见次仁多吉稳稳地坐在了他的马鞍上。湿漉漉的草丛很滑，让我无法在马上坐直，我有一半的时间都是背靠山坡、滑着下山的，我骑的马儿"忽必烈汗"也在小心翼翼地择路走下陡坡。直到我们回到营地，蒙古族人都没有离开过马鞍，真是厉害。有时次仁多吉还会催促马匹小跑，更厉害的是，他的马鞍后边还驮着一头雄狍。要不是为了到蒙古地区猎捕这些动物，我可不敢在这些高山陡坡上骑马下山。

11 点多时，又下起大雨来，我们就在营地安静地度过了一个下午。在雨天，舒舒服服地看看书，任由大雨直下，也别有一番味道。雨点打在帐篷上，却又不会妨碍到帐篷里面的舒服和安逸，真是让人愉快而满足。天气冷时，人们才会更进一步地体会到温暖是多么重要和舒服；下雨时，人们也才会怀念干燥带来的怡人滋味。这几天确实太潮湿了，很不利于打猎。幸好我们有攒了一个月的杂志，所以我们不会在雨天觉得无聊，这些杂志是一个蒙古族人在我们离开前带到营地的。营地的篝火燃烧着，木炭散射出樱桃色的火苗，外面一直下着大雨，陈给我们做了“杂烩”，有美味的肉丸、洋葱以及中国酱料。蒙古族人在这样的天气里，睡了就吃，吃了就睡。我们是吃了就睡，还有看书。尽管如此，我们却感到非常快乐。

那个夏天森林里的天气，经常给我们带来小惊喜。我们从来没有经历过这样的天气，刚刚还是晴空万里，马上就会大雨倾盆。一两个小时之前，头顶的天空还是一片蔚蓝、点缀着些许雪白云彩的大幕。突然之间，天空之上的每一个角落都会被铅灰色的云层覆盖，疾风骤雨之下，枝条乱扭，树叶纷落，森林随风雨喧嚣不停。15 分钟之后，暴风雨从山顶一扫而过，阳光再次倾泻，我们的山谷又恢复了平静，迎接早秋时节金色太阳的再次照耀。

尽管还只是 8 月中旬，这里却已进入秋天，就像纽约的 10 月，夜里降霜，花朵凋敝，树叶金黄。早晨，我穿过草甸去森林，踩着草上覆盖的白霜，嘎吱作响，好像纤细的玻璃丝。我的软皮平底鞋面上沾满了晶莹的粉状冻露，太阳一出来，树枝、树叶以及草叶上的露水就会坠落，好像下过一场大雨一样。我下半身的鞋裤在半小时后都湿透了，上午打猎结束后，我湿得像游过了几条河一样。

在蒙古地区的北方大草原徒步跋涉，想要不湿身，那是不可能的。当阳光晒干露珠之后，山谷四处，甚至是在山坡之上都布满了湿地和小溪。瓢泼的大雨、肥沃的土壤以及灿烂的阳光，使得北方的蒙古地区成为绚烂小草及鲜花的天堂，这个美丽的天堂会从 5 月一直保持到 8 月。山谷像一个神秘的花园，各类草木茂盛生长，有着各种各样如烟花一般的颜色。盛开的鲜花压弯了蓝铃花的腰，大片大片弯着腰的蓝铃花给每一个山坡穿上了蔚蓝色的衣裳，衣裳上点缀着玫瑰、雏菊以及勿忘我等花朵。在我心里，我最喜欢罂粟花，喜欢它精致、纤细、脆弱的美丽，喜欢它无比诱人的魅力。我第一次爱上它们是在阿拉斯加，白令海普里比洛夫群岛的山丘经常遭受暴风雨的肆虐，但罂粟花苍白、透黄的花瓣好似倔强的脸庞，在风中微笑着、挺立着。

除了花朵，这一北方地域还有着其他无边无际的美景。云杉、落叶松、松树组成的深绿森林，间或掺杂着白杨树或银桦树，幽静的山谷、浑圆的山丘令人奇怪地想安静地待着，给人一种无限宁静的感觉。那是个人在精神疲惫时可以休养的好地方。参差的山峰、摩天的山岭、宽阔的豁口，万般景色，动人心弦，但也令人有一种躁动和莫名压抑的感觉。但在蒙古地区的大森林就不会有这种感觉，而是会觉得可以在这里愉快地度过一生。我们所处的另一个世界，也就是美国，那里的疯狂、人潮、快节奏在这里看起来，就好像一个非常遥远的所在，而且没有价值。

然而，这里的这片土地也被人类的破坏之手轻微地影响过了。我们时不时地可以看见穿过森林的伐木小道，有时还可以看见一队牛车在林间蜿蜒行进，但山脉的原始魅力基本还没被破坏，除了一些被火烧过的山坡。我们在森林里游荡的过程中，没有看到任何蒙古族人定居的痕迹，除了伐木小道以及间或分布的一些火堆灰烬。古老的苔藓到处生长，除了我们，山谷寂静无人。

一天早晨，我在营地北边打猎时，听到了马鹿在山顶的叫声，之后在松软的土壤上发现了它的足迹。这一足迹弯弯曲曲地穿过稠密的森林，走在其中，只能望到几码远的距离。我沿着小路悄然前行时，突然听到了一声非常像是人类的喷嚏声，之后看到一只深色的小动物冲出了小道。我马上停了下来，慢慢蹲在地上，一动不动地跪着，抬起步枪瞄准，并保持这个姿势大约有 5 分钟，四下的森林一片寂静，偶尔会有几声花尾榛鸡发出的咯咯声。喷嚏声又出现了，听着比刚才更像人的声音。我还听到了蹄子紧张敲地的嗒嗒声，之后我发现那只动物正在我右边的灌木丛中打喷嚏。我像雕塑一样一动不动，听着一个接一个的喷嚏声，还有不耐烦的跺脚声以及灌木丛轻微的窣窣声。这时，一个小脑袋从树丛后面露了出来，一对明亮的眼睛呆呆地注视着我。

我非常缓慢地举起了手中的猎枪，并将枪托稳稳地放在脸旁，迅速开了枪。

我跑到那个动物的脑袋出现的地方，发现一只漂亮的褐灰色动物倒在了灌木丛后。这是一只半大的小鹿，在它嘴的两边，突兀地生长着两个匕首一样的犬齿。这是一只小香獐，是我见过的第一只活的野生香獐。我还没有摸到它的身体，就闻到了一股浓重的、并不让人反感的麝香味道，可以看到它腹部的位置有麝香腺囊。腺囊大约只有 3 英寸长、2 英寸宽，尾部和腹部的所有毛发都散发着浓郁的麝香味。

当地人非常希望捕获这种小鹿，因为麝香是非常珍贵的香料。在库伦，豆荚大小的一块麝香就能够卖 5 银圆，在中国的其他地区价格会更高。在云南我们经常听说有一位麝香买家，代表巴黎的皮诺香水公司常驻西藏边界附近的遥远村庄阿屯子[①]收购麝香。

① 阿屯子，村庄名称，大概位于丽江、迪庆、凉山交界位置，名称可能来源自古代部落名“阿屯三姓”。——译者注

因为具有商业价值，这种小动物在每个能繁衍生存的国家都被无情地屠杀，有些地方已经彻底绝迹了。在蒙古地区，想要猎捕到这种小动物特别困难，它们只居住在森林茂密的山顶。实际上，要不是因为它们有着难以满足的好奇心，想猎捕到它们几乎不可能。

诱捕这种小动物可以用陷阱，但我从来没有看见过蒙古族人使用陷阱或捕兽装置来打猎，他们看上去好像完全是依靠手中的枪支。这一点和曾经与我一起打过猎的其他东方民族不一样，这些聪明人发明了各种精巧的圈套、捕兽套以及陷阱来狩猎。

只有雄香獐才有麝香腺囊，其主要用途是吸引雌香獐。非常不幸的是，除非近距离观察，不然非常难以分辨香獐的性别，因为雄性和雌性都没有鹿角，所以当地人有时会误杀了雌香獐，而他们是不愿意伤害雌香獐的。

香獐使用它们的长牙来打架或从土里挖掘食物。我经常发现新鲜的松果被香獐用牙齿刨开，吃掉里面松软的部分。冬季，它们会长出特别长、特别厚的毛发，但这种毛发非常脆，脆得像干松针一样，非常容易脱落、断裂，所以，香獐的毛皮也就没有什么商业价值。

一个下雨的傍晚，次仁多吉和我骑马进入一个离营地不远的美丽山谷。差不多到山顶时，我们下马朝着山顶步行。他一个月前曾在那里猎杀了一头熊。

他示意我从另一边走到山脊的顶端。才说着，老猎人就像鬼魂一样消失在树林间。差不多快到山顶时，我走到了一小片被焚烧过的树林边缘。在下午的半明半暗之中，可以看见烧过的树桩和树干，都黑得像乌木一样。但当我想要走到开阔地时，我看到一个物体，它初看就像一个奇形怪状的树桩。我不经意地看了一眼，突然我的注意力被它的某种东西吸引了过去，我发现一条尾巴在紧张地摇摆着。原来这个“树桩”是一头黑色的野猪，它头朝向我，眼睛看着我。

我立刻开了枪。就在我扣动扳机的时候，这只野兽也动了起来。我知道子弹打偏了，我的大脑不能快到在野猪逃走之前就以电报的速度向手指下达开枪的指令，结果野猪毫发无损地逃跑了。这是我看到过的最硕大的一头野猪，它站在山脊顶端时，看上去差不多和蒙古马一样高大。天太黑，我们没办法继续追踪野猪，就返回了营地，感觉有点沮丧。

我一直忘不了这头野猪，我估计将来也忘不了。之后，我也猎杀过其他野猪，但都没有抹去我对那头硕大野猪的记忆。记忆中，它就站在那里，两只眼睛盯着我。如果我早一秒意识到那是一头猪，情况就完全不同了。但这就是射击的好处，没有其他任何一项运动的胜败是在厘毫之间的。当然，也就是这一点让射击这项运动如此迷人。在一整天的狩猎之后，有人可能会走运，这都取决于明亮的眼神、稳定持枪的手以及更为重要的决断。你在那个黄金时刻中的行为，决定了这一季的狩猎之旅是成功还是失败。你有可能跋涉了数千英里，花费了数百元，只能换来一次对着“王中之王”射击的机会。

有人告诉我，他们在狩猎时从未感到兴奋。谢天谢地，我倒是感觉非常兴奋的。如果狩猎没有令人兴奋，那该多么无趣呀。但幸运的是，关键时刻过了之后，兴奋才会到来。当枪托抵着我的脸

亚洲马鹿

时，当我在瞄准时，我都冷静如铁。我能够射击，能够一直射击，用我的每一个脑细胞思考，把所有的注意力放在手的动作上。射击后，无论成败，我都能得到满足，这样就够了。

我们在野外宿营一周之后的一天早晨，次仁多吉和我发现一只雌马鹿和一只幼马鹿在一片开阔树林吃草。看这个蒙古族老猎人悄然接近这两只马鹿简直是一种享受。他从一棵树溜到另一棵树，有时跪地行走，有时还将脸贴到苔藓地上匍匐前进。当我们离两只马鹿只有 200 码的距离时，我们停在了一个树桩后面。我瞄准雌马鹿，次仁多吉瞄准幼马鹿。随着我们的枪响，两只动物就倒地了。我非常高兴能够用它们来制作标本。我们从来没有在蒙古地区猎捕到过雄马鹿，尽管我有两次都在毫发之间错失机会。在我们猎捕到马鹿之后不久，我们的一个猎人也猎捕到了一只 3 岁大小的驼鹿。另一个猎人经过长距离的追猎，捕到了一头受伤的熊。

这才是 9 月的第一周。我们返回营地的时候，马匹上驮满着兽皮和鹿角。跟随我的中国标本剥制师收集了很多漂亮的小型哺乳动物标本，我们几乎穷尽了色楞格地区里的森林资源。然而，伊薇特和我决定，要尽快骑马赶回库伦，安排返回北京的事宜。

我们非常轻松地走了 50 英里，当晚和马门一起住在买卖城。第二天，麦卡里夫妇到了，我们都感到非常高兴。他们将在库伦过冬，忙一些生意上的事情。他们还带来了我们急需的弹药、拍摄底板、陷阱装置以及我的曼立夏[①]步枪等物资。这些装备都是十个月前从纽约海运过来的，但刚刚到达北京，经过古普第尔先生的非凡努力才从海关运了出来。

在告别蒙古地区之前，我们还进行了一次为期两周的狩猎旅行，但收获不多。所有我们之前到达时杳无人烟的山谷，现在到处都是蒙古族人了。他们在忙着割草，为冬季喂羊储备饲料。每一个营地都有一两只狗看护，它们持续不断的叫声让驼鹿、麋鹿以及熊都退回到森林深处，让我们根本就没有机会去追猎。

麦卡里夫妇在库伦有房子，就在俄国领事馆对面。在我将收藏品打包存放于慎昌洋行的仓库里的时候，麦卡里夫妇非常热情地

① 奥地利著名枪支制造公司。——译者注

款待了我们。我们打包花了一周的时间，差不多包装了一千多件标本。蒙古地区的森林贡献给我们的宝藏远远超过了我们的预期。离开蒙古的森林，离开蒙古大草原，我们留下了无尽的遗憾。

10 月 1 日，第一批标本通过驼队开始向南方运输。我的坐骑“忽必烈汗”也同驼队一起出发，我们则乘坐中国政府安排的汽车。汽车一下就穿越了 200 英里的草原，而就是从这一片草原，在几个月之前，我们和旅队一起艰难地跋涉过来。每一个地点都留有我们愉快的回忆。在这口井边，我们曾经宿营了一周并捕到了羚羊；在那片参差不齐的石头地，我们杀了一头狼；在叨林草原以外的一片广阔的原野，我们用陷阱捕获了 26 只旱獭。

这些都是回忆中灿烂无比的日子，随着我们离北京越来越近，我们的内心充满了悲伤。但难过之中也有高兴的地方，我们还暂时不需要离开我们深爱的东方。在遥远的南方，中国边境土匪肆虐的山区，那里生活着成群的大角羊，也就是蒙古族人说的盘羊。在盘羊群中有一只伟大的公盘羊，我们得知了它的藏身之处。我们是如何捕获它的，那又是另一个精彩的故事了。

第十三章

揭开蒙古地区之谜

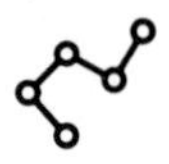

世界上其他地区的人们对蒙古地区的误解特别多。戈壁沙漠在蒙古地区的中部蔓延，所以人们普遍认为那里到处都是沙子和石头，没有办法种植任何作物。在前面的章节中，我试图描绘出我们所见过的这片土地的样貌，尽管我们的兴趣主要是动物学，但我还是希望多写几页关于蒙古地区商业机会的文字。因为，我从来没有见过这样的一片土地，如此容易开发和利用，但又从来没有被开发和利用。

现在，远东地区对西方世界，特别是对于美国人民越来越重要，因为中国以及其附属地区都是适合美国人的投资地点。这是最后一片未开发的土地，我非常期待看到，美国企业家对东方的商业机会表示巨大的兴趣。

戈壁沙漠是蒙古地区的一部分，这确实是事实，但只有在戈壁沙漠的西半部才是荒无人烟的无用之地。在东部地区，沙漠会慢慢转变为起伏的草原，覆盖有戈壁山蒿以及丛生禾草。仔细看时，人们可以发现底层土壤都是细砾石和沙子。

这一地区除了地表池塘之外，几乎没有什么水资源。这些地表池塘在夏天经常干涸，商队就全靠井水了。沙漠地区的水含有一定的碱，但除了一些特殊情况外，一般水中的碱含量都较低，尝起来不会特别难喝。拉森先生告诉我，在卡拉根与库伦之间的广大地区，只要从地表向下挖 10—20 英尺，就可以发现水。我不打算直接说这个干旱的地区可以种植哪些作物，但毫无疑问的是，从农业生产的观点来看这里可能没有多大的重要性，但绵羊和山羊可以依靠蒙古地区夏天的植被过活，这一点我是有信心的。

当我们在卡拉根和库伦之间穿越沙漠时，很难说清楚戈壁沙漠起始和终止的具体位置，因为南北两侧的草原都不知不觉地融入了干旱的中部地区，而没有真正的沙漠边缘。然而，人们一般可以把滂江作为戈壁南部的边缘，把叨林作为戈壁北部的界线，这大致没错。南部和北部的土地都比较富饶，非常像西伯利亚平原或者堪萨斯以及内布拉斯加的大草原。

草木繁茂的景象可以从每年的 6 月一直持续到 9 月中旬。冬季，草木干枯，土壤裸露，该地区的整个面貌都会改变，变成了大家普遍认为的沙漠的样子。但是，当霜雪剥去山丘和田野所有的绿装之时，又有哪个地方能够比中国北方更像沙漠呢？

中国人早已在蒙古南部地区展现了极强的农业生产能力，每一年都要收获大量的农作物，包括燕麦、小麦、小米、荞麦以及马铃薯。在绿草覆盖的草甸地区，生活着大群大群的绵羊、山羊、牛、马，这些动物都只占该地区畜牧业可以承载数量的一小部分。销往中国内地的牛和羊，可以先驱赶、转移到卡拉根，因为那里草料比较丰富，牛和羊可以晚上吃草，白天赶路，这就可以显著降低运输成本。

这里产出大量的牛羊肉，并在东方、美国和欧洲市场销售，羊毛和驼毛也是出口产品。虽然这两种产品当前均在生产，但是数量较少。在我们度过夏天的这一地区，蒙古族人并不主动修剪羊毛或驼毛，只是在毛发自然脱落后，从地上收集。这样可能会损失一半的毛发，剩下的也掺杂了很多泥土和杂草，使价值明显降低。此外，在运输过程中，掺杂物至少会增加两成重量，是导致高昂运输费的重要因素。实际上，通过适当的开发，蒙古地区的畜牧业资源可以说是无可限量的。

叨林至库伦地区拥有另一个商业资产，那就是广阔的土拨鼠栖息地。这片土地面积广阔，向北、向东、向西分别延伸数百英里。土拨鼠是极有经济价值的动物，一对土拨鼠每年能繁殖六只或八只幼鼠，尽管土拨鼠的毛皮不是非常好，但用来做外套也是非常有价值的。蒙古地区每年要卖出去几百万张土拨鼠毛皮，其中就数来自蒙古地区西部乌里雅苏台[①]的最好。如果使用美国造的钢质陷阱，土拨鼠毛皮输出数量可能还会加倍。

整个库伦就是一个毛皮市场。库伦销售的很多毛皮是穿越俄国边境运过来的，随着交易量增加，毛皮运输还会扩张到其他广大区域。狼、狐狸、猞猁、熊、野猫、紫貂、貂、松鼠、土拨鼠等动物毛皮数以千计地运来，更多的绵羊、山羊、牛、羚羊的皮革也被运到卡拉根地区。很多重要的外国皮革商行已经在库伦设立了代表处，每年还会有更多的商行前来设立代表处。这一方面存在无限的发展机遇，我相信库伦将在数年之内成为东方最大的毛皮市场。

① 距库伦 760 公里，清代曾设左副将军。——译者注

在南部地区，中国农民发展种植业。在北部地区，中国商人开展贸易。北京与天津的很多商行在库伦设有分支机构，向蒙古族人以及外国人销售食品、布料与其他必需品，并向其他国家出口当地的毛皮、皮革以及羊毛，利润非常丰厚。

尽管蒙古地区北部可能具有相当数量的矿产资源，但截至当前，还很少有人进行过准确勘探。好几年前，有个俄国公司曾经勘探过，在西伯利亚平原边界处，位于库伦与恰克图[①]之间的伊罗矿区成功地发现了金矿，矿工差不多都来自中国。我们在戈壁沙漠中遇到步行穿过蒙古地区的汉族人，他们推着独轮车，车上放着全部的家当。他们要赶到伊罗矿区做暑期工，等秋天来临时，再沿着来路步行返回。现在，蒙古地区再次成为中华民国的一部分，劳动力问题将会得到解决或改善，很多渴望找工作的汉族人都会拥来这里。

在东方，交通是非常重要的商业考虑因素，任何地区的发展都有赖于交通情况的改善。在蒙古地区，这个问题很好解决。目前的交通运输主要依靠驼队、牛车以及马车，还有载客的汽车。驼队运输一般从 9 月开始，直到第二年的 6 月 1 日才会结束。之后，驼队运输就被牛车和马车取代了。驼队运输从卡拉根到库伦需要三十到五十天时间，比其他车队要长一倍。骆驼走得很慢，一路上还要有时间吃草和休息。天旱草干的时候，它们无法穿越沙漠，所以运输工具就根据季节分为两种：冬天用骆队，夏天用马车。每只骆驼可以驮 450—500 磅的货物，从卡拉根到库伦的收费根据情况不同

① 恰克图，清中俄边境重镇，位于库伦以北。——译者注

而不同，大概每斤要 5—15 分（银币）。因此，加上运输成本之后，货物运到库伦后的价格非常昂贵。

我不知道为什么不使用汽车运输，我打算下次来探险的时候使用汽车。在滂江与叨林之间的第一和第三个电报站之间，有一段路很不好走，但一辆制造精良、轮毂宽、动力强的汽车可以毫无困难地通过沙漠地区。过了叨林之后，戈壁沙漠就算走完了，之后就都是大马路了。

中国政府在卡拉根与库伦之间开通的客运汽车服务，是京绥铁路运输服务网络的一部分。除了刚开始时司机不慎引起的一些问题之外，客运汽车服务还是比较成功的。为了确保乘客的安全舒适，大量的组织工作需要开展。但总的来说，客运服务效率很高，只是服务工作方面还需要改进。

现在，与蒙古族人的大部分贸易是以物物交换的方式进行的。中国商人向蒙古当地人提供贷款，供蒙古族人购买所需要的物品，蒙古族人用牛、马、皮革、羊毛等物品来偿还贷款。近年来，俄国的纸币卢布以及中国银两通行于蒙古地区。但是战争使俄国卢布大幅贬值，现在已经没人要了。蒙古地区非常需要银行机构，在目前新的政治形势下，这一需求无疑还会增长。

蒙古地区的一个巨大财富来源主要是松树、云杉、落叶松及桦树等丰富的森林资源。这些森林连成一片绿色，一直覆盖到西伯利亚边缘，目前还很少有人对这些森林进行开发。有一天下午，当我站在一座山的山顶，俯视绵延数英里的森林山脉时，我感觉这里至少还有着取之不尽、用之不竭的优质木材。但是，“取之不尽、用之不竭”这种说法往往最有害。在欣赏森林深处的夕阳西下时，我想，这些优质木材资源可能马上就要被开发了。戈壁沙漠通铁路才几年，库伦就建起了火车站车棚，其重要地位超过了金顶的寺庙。

我们处在飞速发展的时代，没有哪片土地拥有如此丰富的云杉资源。然而，在不久的将来，这里的宝藏就会被人们开发。就在我写这些文字之时，一架飞机已经在北京待命，准备进行第一次穿越蒙古地区的飞行。沙漠的牧民还在对汽车感到惊奇，因为牧民的骆驼十天走的路，汽车一天就可以走完了。现在，中午从卡拉根出发，晚上 7 点就可以到达库伦吃晚饭，这对赶骆驼的牧民来说肯定是不可思议的。而对我们来说，一天赶 700 英里的路也不算太多。这一切已经开始了，只有更多人能够享受现代化的运输服务，这件事情才有意义。我们知道，汽车已经扎下了根，不久就会开始使用卡车运输货物，不仅仅是从卡拉根至库伦，还要向西至乌里雅苏台，直到阿尔泰山脉边缘的科布多。只要具有足够的商业需要，蒙古大部分地区都具有开发的价值。

去年，第一批商队带着无线电设备离开了丰镇[①]，开始了一段 1800 多英里穿越蒙古的旅程，前往位于中亚地区中心的乌鲁木齐。库伦的建设已经比较先进了，喀什的建设马上也要开始。当蒙古地区的科布多、新疆地区的哈密、陕西省的西安府的无线电站点建设完毕之后，这些地方就会竖起无线电发射杆，古老的北京就可以同她遥远的、分布广泛的领土时时刻刻取得联系。

这并不是梦，这些都是实实在在的商业事实，而且实施的第

① 丰镇，今乌兰察布下辖县，京绥铁路的一站。——译者注

一阶段即将完成。那么，也就没有理由不去考虑修建铁路的事宜了。铁路可以从卡拉根修到库伦，或从归化城[1]修建，两条路线都可通行。这意味着，中国最大的港口上海与西伯利亚大铁路上的乌金斯克[2]建立了直接连接，同时这条铁路也将天津、北京、卡拉根、库伦、恰克图等地连接在了一起。而且这可以将货物和乘客到达伦敦的时间缩短至少四天。这片拥有无限可能和无数财富的土地将会开放，供人居住、进行商业开发，而不再是数个世纪以来被遗忘在那里，没有人在意。

大概 700 年前，蒙古族人几乎统治了全世界。蒙古帝国的人民强大到难以想象，但这个帝国快速崛起、迅速崩溃，它的繁荣霸业只留下了一些光辉的传统以及一片神秘的土地。传统可以传承百年，但汽车、飞机以及无线电将让这块土地从此不再神秘。

① 归化城，位于今内蒙古自治区呼和浩特市玉泉区，建成于明代。——译者注

② 乌金斯克，现更名为“乌兰乌德”。——译者注

第十四章 山西山区的大公盘羊

在遥远的中国北方，就在蒙古大草原的南边，有着绵延的山脉，那里生活着无数的羊群，长角的公盘羊无时无刻不在打架。但是山里也有土匪强盗出没，从一个探险爱好者的角度来看，公盘羊和土匪这两者结合在一起，给探险增加了一些不愉快的危险。

但事实上，土匪都还不太坏。“盗亦有道”的土匪有时候会忘记礼貌，从离车队十几英里的地方，猛地向车队行驶的道路冲下来。然后等到哨兵带话说土匪勒索的过路费给够了，可以走了，所谓的土匪抢劫才会结束，我们再继续上路。每一次，土匪都会有所收获，这一切都在中国士兵的意料之中。有时候，也会有所谓的“真刀真枪的”战斗，战斗双方可能都会流血，但战斗往往采取不同的形式。

号角吹响，士兵们行至山上。双方通过“中间人”商议好战场的位置，士兵这边选出一名“大卫”，土匪那边选出一名“歌利亚”。在走上战场之前，“大卫”很小心地把枪支放在身后，随身带着装满了子弹的挎包。“歌利亚”也走上了战场，身上只带着一袋子银圆。之后，一场公平交易就开始了，一颗子弹一元钱，他们对战争工具进行了交易。

战斗结束后，其实也就是交易结束后，士兵们返回城里，号角吹得和离开城门的时候一样响亮。军官向北京做出书面报告，描绘了根本就没有发生过的，所谓的与土匪之间的艰苦战斗。军官说，他的士兵们英勇无比，成功击溃土匪，歼敌无数，但也消耗了无数弹药，因此恳请上级尽快给予补充。

出现这种故事的原因是，政府总是不幸地忘记及时给边缘省份的士兵拨付军饷。部队得不到军饷，就想出了其他办法来弄钱。

哈利·R. 考德威尔与蒙古大角羊

但是，这些事情和野生羊群有什么关系吗？这里面的关系非常微妙，恰恰是山西山里的土匪让羊有了活路。这里的猎场距离北京只有五天的路程，有很多外国人都希望到山西的山里来看看，但又害怕遇到土匪。原中国盐税首席稽核师丁恩爵士与查尔斯·科尔特曼先生在 1913 年被匪徒驱逐出来之后，中国政府已经停止向希望到该地区打猎的外国人发放签证了。同时，土匪舍不得在羊身上浪费一元一颗的子弹，所以这些动物就可以不受滋扰地繁衍下去了。

尽管如此，羊也不是很多。现有的羊群都是曾经在中国北部迁徙的庞大种群的最后幸存者。这一物种的学名是盘羊，更为正式的名称是雅布赖盘羊。对探险爱好者来说，它们就是大角羊种群的一种，大角羊的蒙古语名称为“argali”。从大小来看，这一种群的成员与它们的祖先一样，是所有绵羊种类的祖父。同发育完全的蒙古盘羊相比，落基山脉的公羊小得就像侏儒一样。几十万年前，发源于亚洲的大角羊穿越白令海来到了阿拉斯加。当时的白令海很可能存在着一片连接亚洲和北美洲之间的陆地。它们到达阿拉斯加之后，逐步沿着西海岸山脉向南部繁衍，直至墨西哥以及加利福尼亚南部。随着时间推移，变化的环境产生了不同的物种，但它们从旧大陆向新大陆的迁徙路线，需要我们所有人去解读。

对探险爱好者来说，最高的奖赏是蒙古大角羊的漂亮头颅。我记得雷克斯·比奇[①]曾经说过：“有的人枪打得好，但山爬不好，有的人山爬得好，但枪打不好。要猎捕到一只山羊，你必须枪打得好，山也要爬得好。”

美国自然历史博物馆需要一组蒙古盘羊，来放进馆内的亚洲

① 雷克斯·比奇，美国探险小说家。——译者注

生物展览室。此外，我们希望有一只可以完全代表这一物种的公羊，这就得找一只非常大的公盘羊。曾经与我一起在中国南部猎捕老虎的哈利·R. 考德威尔神父自愿与我一起猎捕公羊。土匪没有骚扰我们，因为我们已经具备了很多与中国土匪往来的经验了，我们觉得中国土匪有点类似于野生动物。你不惹土匪，土匪也不会来惹你。在这种情况下，“招惹”一般是指携带了他们容易处置的东西，特别是钱财。于是我决定让妻子留在北京。她往往会在土匪抢劫时公开反抗，这就会导致土匪伤害我们。我们已经决定了，我们一定要搞到这些公盘羊，无论要冒多大的险。

尽管我们不想惹麻烦，但我知道哈利·R. 考德威尔在危急时刻是可以依靠的。他能爬进老虎的巢穴，爬到剑草和荆棘丛中，就为了看看这只野兽的午饭吃的是什么。当他在昏暗的光线中走进开阔地，用一支点 22 口径的高威力步枪进行射击的时候，一只老虎就在面前准备攻击；他不带武器独自进入山区，与一群统治该地的土匪会面。所有这一切都意味着，他比其他人具备更多的生活在这个世界所需要的勇气。

在丰镇下了火车之后，我们就开始了和在中国北方其他地方一样的旅程。这里道路糟糕，泥泞不堪，黄土漫膝。我们花了四天时间才到达山区，但是旅程对我们俩来说还算有趣，一路上可以观赏中国山区人们不停变换的生活画卷。对哈利来说，这还特别有启示性，他在中国南方生活了 19 年，还从来没有到访过中国北方。他开始意识到不要轻易对这片神奇的土地做出泛泛的结论，所有对这个中央帝国存在疑问的人，在游历过这个国家的不同地域之后，都有这种感受。在一个地方是正常的情况，在另一个地方就不一定了。他经常恼怒地发现，他本来说得很好的福建省方言，到了这里完全没有用。他在语言方面无助得就像他从来没有到过中国一样，中国南方和北方方言的差别大得就像法语和德语一样。甚至我们来自北京的伙计都没有办法和当地人顺畅交流，尽管我们到达的地方离北京只有 200 英里。

这里再也没有了被剑草覆盖的青山，只有光秃秃的褐色山坡。这一地区太靠北了，种不了水稻，取而代之的是玉米、小麦、高粱。这里没有用砖块盖的房子，而是有着类似于墨西哥和亚利桑那州一样的土坯房。有时候，整个村庄的房屋都建造在山腰位置，也就是当地人说的窑洞。他们就在窑洞里面度过一生。

整个中国北方都覆盖着黄土。在冰河时期，大约 10 万年前，欧洲和美洲的冰河从北部地区奔流直下，但在亚洲中部和东部，却出现了不断演进的旱灾。空气中没有一点水汽，因此难以形成冰雪。在干冷的气候中，暴风吹拂回旋着的云团中的灰尘，越过千万英里，将灰尘撒到山丘和平原之上，形成了日益深厚的黄土层。于是，欧洲和北美洲的冰河时代是东北亚地区的沙尘时代。

我们俩对这里的旅馆都很感兴趣。这里的旅馆有宽敞的庭院，与南方邋遢的旅馆形成了奇怪的对比。在北方，所有交通都依靠马车，所以要有地方停放成百辆的马车。在南方，货物主要依靠船、苦力或驴运输，因此不需要非常宽敞的旅馆。每个晚上，我们无论去哪里，都可以看见喧闹嘈杂的旅馆庭院。一排排的重载马车从宽大华丽的大门蜿蜒而入，有秩序地排列起来，伴随着众多牲口吃草料的“嘎吱嘎吱”声、“掌柜的”（中国人对老板的称呼）呵斥声以及马车车夫愉快的玩笑声。在大厨房里，也就是睡觉的地方，风吹在摇曳的火塘上面，锅里煮着的肉汤和面汤在“滋滋”作响。屋里有两个大火炕，火炕下面有从做饭的火塘那边引出的长烟道，很多的马夫裹着脏外套在炕上吧唧着嘴吃东西，或是早已吃饱、打着呼噜了。

这里有形形色色的人：富商穿着华丽的貂皮大衣、坐着软垫马车，不法商贩带着装满了女人用的小饰品的袋子，游方医生兜售着草药以及用鹿角、虎牙与所谓的“龙骨”制作的补品，也许还有一两个和尚、一个剃头匠或者一个裁缝。经常还会有一个说书匠盘腿坐在炕上，说着无尽的故事，或是用高音或鼻音，在蛇皮琴的伴奏下唱上几个小时。这就像一出舞台剧，其主题就是中国人的乡村生活。

在这一台多语言的舞台剧中，也许会有一个人背着一个包出现。他看上去与其他旅行者没有什么区别，和其他马夫也都差不多，时不时地帮忙喂马或装货，但是，他的耳朵和眼睛却分外警觉。他是一个土匪探子，来这里的目的就是侦查路上都在运送着什么财物。他要探听附近几里之内村镇的所有小道消息，在中国乡村，小旅馆就相当于报纸，每一个旅馆里的人都会告诉别人各种各样的琐事。探子记住商队，然后溜入山中报告匪帮首领。可能几天之内都不会发生什么事情，但当毫无戒备的马夫们正在路上走时，匪帮就在外围的山间徘徊，直到时机成熟才发起攻击。

我知道这些土匪探子就是我们最好的保护，当一个外国人出现在旅馆的时候，他就会成为所有人谈论的话题。关于这个外国人的一切都会被反复讨论，探子就会从中知道所有事情。我身上携带的可供土匪处置和使用的，可能就只有武器和弹药。但两三支枪又不值得他们冒险去杀死一个外国人。土匪也知道，杀死外国人的结果就不会是以前经常发生的与中国士兵的虚假战斗了，因为外国驻北京的公使馆已经形成了一个习惯，只要死了外国人，他们就一定要北京的政府赔偿。

我和哈利一路上都在非常努力地猎捕野鸭、野鹅以及野鸡，就连我们的伙计也不知道我们真正的目的地。

我们非常期望能够见到岱海[1]，这是一个很大的湖泊，水禽在春季和秋季会成千上万地聚集于此。我们是在离开丰镇的第二天晚上到达岱海的。当时天才黑，我们翻越山顶，下山来到一个前窄后宽的豁口，沿着豁口一直走就来到了岱海盆地的平原。我们站在豁口时，成群的野鹅从我们头顶低飞而过，野鹅在星空的衬托之下飞行，呈现出黑色的楔形的影子。

我们费了好大工夫，终于在湖边找到了一家旅馆。用过晚饭之后，我们缩进皮毛睡袋，听着探险者心里最喜欢的音乐，那就是成千上万寻找夜晚栖息地的水禽低声的喧闹声。我们被这种声音吸引，慢慢坠入梦乡。

第二天天一亮，我们赶紧穿好衣服，跑到湖边。哈利在远离水边的山脚处找好了一个位置，而我的位置距离水边有三个锥形土堆，这种土堆是当地人通过晒蒸来提取盐分的。

我刚刚就位，就有两只野鹅朝我扑过来。等到它们几乎飞过我头顶的时候，我左右开弓，双双拿下。枪声惊起了成千上万的水禽。一排排野鹅飞到空中，成群的野鸭浮出水面，它们或游离岸

---

① 位于乌兰察布市凉城县，东邻丰镇。——译者注

边，或躲进水边的淤泥滩。

再也没有水禽敢靠近我了。于是 15 分钟后，我返回旅馆吃早饭。哈利不久后也回来了，他错误估计了水禽飞翔的方向，只打到一只绿头鸭，我们都没打到好猎物。

马车在上午 8 点出发，而哈利和我沿着湖岸朝南骑，陈牵着我们的马。淤泥滩上点缀着数以百计的赤麻鸭，它们漂亮的躯体在阳光下闪耀着红色和金色的光芒。离岸边一百多码的地方，六七只天鹅漂在湖面上，就像漂着的雪堤一样，还有成百上千的野鸭和野鹅在飞翔或戏水。我们发现，有一群野鸭栖息在沼泽草丛中，我开枪之后，至少有五百多只绿头鸭、黄嘴鸭、针尾鸭飞腾起来，形成了一片黄褐色云团。

我们缩在晒盐的土堆之后，开枪大肆射击。之后我们步行追上了马车，我们的马背上驮满了野鸭和野鹅。向北行驶的路上，我们看见上万只野鹅从蒙古地区和遥远的西伯利亚的夏季栖息地飞越千山，来到岱海边。它们掠过我们头顶的天空，环绕着向西飞翔，然后仿佛有人指挥一样降落在水上。

我们一直是沿着通往归化城的主路走。归化城是一个相当重要的城市，距离可以打到盘羊的山脉也不远，但我们并没有打算去归化城。我们都不希望途经任何有士兵驻扎的地方，所以在最后一天的旅程中，我们离开了主路，沿着一条不起眼的岔路去了一个名叫乌素图[①]的坐落在山脚的一个小村子。我们临时住在一个中式的房子里，并找到了两名蒙古族猎手。我们本来是希望住帐篷，因为

① 乌素图，位于大青山附近的村庄。——译者注

山西北部的窑洞居民

找不到足够的木头作燃料，所以就只好住房子了。当地人烧煤炭、干草和树枝，但这些都不能供我们在开放的露营地取暖。

村庄四周耸立着一大片锯齿状的山峰，东边有一个巨大的山谷。当我们沿着一条蜿蜒的白色小道爬到山顶，凝视着三条不见底的深渊时，我们肃然起敬地站在那里，一言不发。我的目光追随着一只老鹰从山谷裂口飘过，看它落到悬崖突起处的巢穴里。然后，我又往一千多英尺的悬崖绝壁朝下看，那里有一条溪流，正是这条溪流，硬生生地从岩石上凿出了这道巨大的山谷。溪流像一条闪光的银链回转缠绕，遇石而生白沫，穿行于光滑的绿色花岗岩陡壁之间。朝北望去，可见犬牙交错的山峰的壮丽全景，其峰顶染上了柔和的粉红色和浅紫色。山峰之间为深谷，往东更远处，高低起伏，绿草葱葱。就在那里，我们找到了盘羊群。

在开始的两天里，我们只打到了一头斑羚和一只雄狍，因为刮着大风，打猎近乎不可能。第三天早晨，太阳升上蓝蓝的天空，就像热带海洋的海水一样，而且一丝风都没有，杨树叶子一动不动。此时我们正穿过河溪石床，到达营地北面的山脚。我们头顶大约 1500 英尺的地方耸立着凹凸不平的花岗岩山脊，跨越山脊之后，我们进入了一个草木丛生的山谷。

我们缓慢地爬到半山腰，这时我们的猎手突然躲进了草丛中，手指向前，低声说："盘羊。"果然，在前方最高峰处，一只巨大的公盘羊轮廓出现于天空中。这就是全世界狩猎者都想得到的大家伙。

它一动不动地站在那里，仿佛是花岗岩雕刻成的雕像。它的目光穿越了山谷，远远地望向我们出发的村庄。透过望远镜，我看清了它漂亮身躯的每一个细节。它的脖颈和身体两侧被冬日染成了灰色，四肢线条优美，头上巨大的羊角高昂着，恰似骄傲的罗马勇士。它如雕像般伫立了半小时，而我们蹲伏不动，躲在山峰下的小径。不久，它转过身消失了。

我们到达山脊时，没有见到公盘羊的踪迹，但我们在一条下山的小路上发现了它的足迹，小路上布满尖锐的石头，一直通往另一个山谷。我确信，公盘羊应当是向东朝着草木茂盛的高地跑过去了，但我们的蒙古族猎手那木其（音）朝北边指了指，让我们看那边崎岖的群山。高耸的山峰让我们很沮丧，在沟壑和山谷混杂的山区里很难猎到一只猎物。

这一点我们早就知道了，但蒙古族人太熟悉猎物了，知道猎物的一举一动，这让人觉得不可思议。也许，我们在半里之外就能够遇到一群公盘羊。年纪大一点的猎人舒服地坐下来，无动于衷地装好烟斗，惬意地抽着。过了一会儿，他宣布打猎的时候到了，他从来就没有失误过。

因此，当他下到山谷底部时，我们毫无异议地接受了他的安排。在溪床处，哈利与他的年轻猎手离开我们，顺着一条深沟朝左边稍高一点的地方走去，那木其和我沿着陡峭的山脊爬到峰顶。

我们分开 15 分钟之后，哈利快速地连开三枪，在峡谷中激起的巨大声响不停回荡。过了一会，蒙古族老猎人在翻越山脊时看见三只公盘羊的剪影在天际边一闪而过。之后，峡谷中隐隐约约传来了一阵人声。

“我——打——到——大——盘——羊——了，”即使隔这么远，我都听出这声音中的喜悦，“太——漂——亮——了。”

“太棒了，好哈利，”我心里想，“他昨天晚上那么累，确实应该有此收获。”昨天回营地的路上，他的猎手看见一只巨大的公盘羊在山腰上攀爬。他们试图去追，但追到山顶时失去了盘羊的踪迹，因为天色越来越暗，所以他们就折返回来。哈利跌跌撞撞回到宿营地，累得要死，但却热情不减。

那木其和我到达最高峰时，发现山顶下边就有一条顺着山腰的小路。我们不时停步观察草木繁茂的山沟和山谷。这里沟谷众多，如肋骨一样沿山脊向两侧扩散。11 点半时，我们绕过石头山肩，看见在我们下方很远处的峡谷底部有四只公盘羊在吃草。

它们完全没有发现我们的到来。我们走出山谷，穿过山口，进入深谷，深谷里面的小草还泛着绿色。之后，有一只公盘羊不见了，我们赶紧冲下山坡，来到它的上方进行观察。通过望远镜，我看见领头羊有一对美丽的羊角，而另外三只公盘羊还小。

我平卧下来，将步枪推向前架在坡顶，瞄准最大的公盘羊。瞄准线中有三四根小草挡着，我有些担心它们会影响到子弹的方向，于是抽回步枪，朝右边挪了几英尺，调整好位置。

尽管我们的位置在公盘羊上方，但是有一只公盘羊还是察觉到了我的活动，突然就逃走了。只是四个跃步，它们就消失在了巨石之后。没有时间了，我只有匆匆瞄准，对着最后一只的臀部开了一枪。子弹射在公盘羊身后几英寸的地方，它们逃走了，只剩下空空的山谷。

看着几秒钟之前公盘羊还在安静吃草的地方，我骂了自己好几声笨蛋，沮丧极了。一次猎杀公盘羊的最佳时机竟被我搞砸了。老猎手同情地拍了拍我的肩膀，用中文说道：“别难过。这只很小，我们后边再找大的。”然而，对我而言，这一只就非常值得拥有了，现在却搞砸了。我们抽了会儿烟，但失落的心没能得到更多安慰。我随着猎手绕过山峰，心里重得像铅块一样。

半小时后，我们坐下来朝四周打量。我用望远镜观察着每一个山脊、每一个冲沟，可一只动物都没有看见。四只公盘羊消失得无影无踪，仿佛被张大嘴的沟壑所吞没。巨大的山谷沐浴着阳光，如坟墓般荒凉、寂静。

我正在撕一块巧克力的包装纸，猎手突然碰了碰我的手臂悄悄地说："公盘羊来了。"他指着远处的一条与我们坐着的山成直角的山脊，但我什么都没有看见。我认真扫视着每一平方英寸的岩石，还是没有看见任何动物。

猎手笑着低声说："我用眼睛都比你用外国望远镜看得清晰。公盘羊就站在那条小路上，有可能正朝我们走过来。"

我又努力看了看，顺着那条细细的、白色的、蜿蜒而上的刀锋般的山脊小路再次观察。就在小路的尽头，我看见了那只公盘羊。那只漂亮的公盘羊如雕像般站在一块灰褐色的花岗岩上，坚定地注视着我们。它的位置大概距离我们半英里，但猎手却能够在它刚出现的时候就发现。如果不用望远镜，远方的公盘羊就是视野里面的小点，但蒙古族人锐利的眼睛却可以看清公盘羊的一举一动。

"就是我们早上看见的那只，"他说，"我就知道我们能够在这边再找到它。好大的羊角，比其他公盘羊大多了。"

说的也是，其他的盘羊我还能够开枪试试，这只公盘羊漂亮倒是很漂亮，但我感觉它就像天上的星星一样可望而不可即。我们整整观察了它一小时。有时它会转过去看看对面的沟壑，有时它又会顺着山路朝我们这边走近十几英尺。猎人静静地抽着烟，时不时地用我的望远镜看一看。“再过一会儿，它就要睡觉了，”他说，“到时候我们就可以猎捕它了。”

我得承认，我不抱太大希望。这只公盘羊实在是太漂亮了，漂亮得如此遥不可及。但我还是可以好好欣赏它华丽的头部，边看边数它盘绕的羊角有几个环。

一群红腿鹧鸪从对面山脊飞了过来，叽叽喳喳地叫着，几乎就落到了我们的脚边。然后，所有红腿鹧鸪消失在了草丛和石头中间，魔术般地融入了山腰。我非常奇怪，为什么鹧鸪要如此迅捷地躲藏起来？但一会儿后，我们听到了一阵低沉的呼呼声，它就像遥远天空传来的飞机引擎声。三个阴影飘了过来，我看见三只硕大的老鹰在我们的头顶环绕低飞。我这才明白，鹧鸪是利用我们的存在，来躲避天敌老鹰的追杀。

我又看了一眼公盘羊，它正大模大样地躺在小路上，时而慵懒地抬头，四处张望。猎人用我的望远镜观察了一下公盘羊，做好出发的准备。我们慢慢爬过山脊，然后很快地绕过山脊的突起处，在那儿的尽头，就躺着我心心念念的公盘羊。

这条路很难走。一块块的碎花岗岩在脚下不停地滑动，我们有时候不得不像苍蝇一样攀附在岩壁上，身旁就是几百英尺深的悬崖。蒙古族人有两次警惕地看着山脊，但每一次都摇摇头，接着努力往前走，最后他示意我滑到他身边。我将步枪伸向前，架在面前的石头上，探起身几英寸，在两百多码处看见了公盘羊的硕大脑袋和脖颈。它的身子被挡在一块山肩石后。但是它仍然悠闲地注视着我们，看上几秒钟，然后看看别的地方。

我仔细地瞄准它的下颌部位，一声子弹的轰鸣之后，公盘羊向后跳跃了一下。“你打中了，”蒙古族人说。但我感觉他可能没说对，如果子弹击中了脖颈，公盘羊应该像铅块一样摔倒在地才对。

我打猎的这几年来，从来没有过今天这种强烈的惊喜和自我厌恶感。我本来很确定击中了，因为根本就不可能失手。我喉咙一阵发干，只得坐下来休息，感受着极端的挫败感。

但是，不可能的事情还是发生了。为什么会这样，我可能永远也不会知道。我抬起眼睛，再次看见硕大的头颈从百码开外的石头后面出现，就是那颗漂亮的头颅，巨大的羊角和颈部，没错，就是刚刚那只公盘羊。我一阵眩晕，再次拿起步枪，将前准星的象牙珠[①]对准了公盘羊灰色的颈部，再次扣下了扳机。枪声四荡、碎石飞溅、视野模糊，一个庞大的身躯隐约中上下起伏，然后，一切都安静了。这对我已经足够了，这一次不会再失手，这只公盘羊终于是我的了。

突然之间，巨大的沮丧变成了无比的狂喜，这是对探险爱好者的最高奖励。我不禁狂喜。我欢呼着，高兴地拍打着蒙古族老猎人的背，直到老猎人求我停一停，我还是停不下来，绕着他在山脊顶上跳起了战舞。我非常希望跃下岩石，到盘羊消失不见的位置看看我的战果，但猎手按住了我的胳膊。我们坐着等了十多分钟，以防公盘羊未被击中而被突然出现的我们吓跑。我心里觉得这完全没有必要，我的子弹肯定射中了我瞄准的地方，这就足够了。没有公盘羊在被曼立夏子弹正面击中后还能走路的。

① 步枪的瞄准器。——译者注

当我们最终下去查看时，那只动物躺倒在半山腰，无力地踢着脚。真是一头巨大的野物，多么美丽的羊头啊！我从未想过公盘羊能够如此漂亮。完美的羊角，羊角根部大到我的双手都合不拢。

当然，我也很想知道我第一次射击为什么没有击中。问题的答案就在这只盘羊的脸部。我的子弹飞高了 1 英寸，射在了它的嘴角部位，从右脸颊射出去，伤口肯定很痛。我不停地问自己："是哪种奇异的动力，让它在受到如此大的伤害之后又回到这里？"第二颗子弹正中颈部，就像击中了目标的靶心。

公盘羊的毛皮和头部加起来差不多有 100 磅重。蒙古族老猎人抬头看了看，抱怨了一声，因为我们要搬着这 100 磅的重物翻越一座高山，才能回到我们的宿营地。在到达第一个山脊顶时，我们找到了早上穿过的那条小路。半小时后，猎人猛地把我拉到了一块岩石后面。"公盘羊，"他小声说，"在那里，山腰那里。你看不到吗？"我没看到，他试着用我的步枪指给我看。这时，我原以为是一块褐色的石头突然动了起来，搅起一阵尘土，消失在沟壑之下。

我们几乎是屏着呼吸安静地等待，只是 1 分钟，但感觉像一小时，终于，公盘羊的头和肩从一块大石头后边闪现出来。我压低瞄准并开火，公盘羊一下子就倒在了地上。1 秒钟后，两只公盘羊和一只母羊从同一位置冲了出去，停在不到 100 码远的山坡上。我自然而然地举枪瞄准了最大的那只，但又放下了枪，没有扣动扳机。这只羊很小，而且即便我们需要用它来建设博物馆的亚洲动物群，我们今晚也没有力气把它搬回宿营地去了。野狼肯定会在天亮之前找到它的尸体，那么它就会成为一堆无用的废物。

我猎杀的这只公盘羊是一头漂亮的年轻公盘羊。大约 6 点多时，我们扛着羊皮、羊头和一些羊肉开始返回。返回的时候就只能走谷底的河床了，在黑夜里沿着悬崖走小道实在太危险了。又过了半小时，山谷里就全黑了。几乎垂直的岩壁挡住了星光，一眼望去看不到几英尺远。

我永远忘不了那晚的夜行。多次涉水而过，在数到第 28 次之后，我就忘记计数了。我又冷又累，数不清在石头上摔了多少次，人已经麻木了，走在冰水之中也没有感觉了。我背上 100 多磅重的羊头、羊皮，每过一小时它们就会更重一些，但一想到今天捕猎到了两只公盘羊，心里就美得像吃了面包和喝了葡萄酒一样。

我们 11 点多才回到宿营地，哈利非常担心，因为附近的村子有关于土匪的传言。在晚饭之前，我们测量了今天捕到的公盘羊，发现哈利捕杀的那头公盘羊羊角的周长，比目前的最高纪录还要长半英寸。羊角有 47 英寸长，但羊角尖的位置断了一点，加上羊角尖的话，长度为 51 英寸，羊角根部周长为 20 英寸。此外，我打的那只也只小一点点。

那天晚上，我钻进睡袋后想，今天是我有生以来打猎最愉快的一天。有了这个破纪录的公羊作为展览主角，这个展览群组肯定会非常成功。我们已经有了三个标本，而且还会打到更多的猎物。

第二天早上，当我们醒来时，有四个士兵在庭院里站着。他们先客气地说了不好意思，叨扰了，然后告诉我们，归化城驻防指挥官派他们来，请我们随他们回归化城。山高路远，土匪成群，指挥官很担心我们的安全。然而，我们能就这样马上拔营吗?

我们礼貌地告诉士兵，我们还不能回去。我们是在为纽约的一个博物馆寻找公盘羊，找不到的话我们就不能回去。士兵们看了

最高纪录的公盘羊羊头

看我们经由北京的外交部签发的护照，又看了看决心不走的我们，就返回了归化城。

第二天，我们荣幸地迎来了指挥官本人。我们向他重复了不走的决心，他明显意识到难以说服我们，就提出一个折中的方案。他派些士兵来护卫我们住的房子，同时也随同我们外出打猎。我们太了解中国士兵了，非常乐意地接受了。对我们来说，门口的警卫完全不是问题，随同我们外出打猎的士兵也非常容易甩掉。第一天和这些士兵一起外出打猎时，我们选择了山上最崎岖的地方，朝着几乎垂直的山坡快速爬山。没过多久，士兵就远远地落在后面。从此，士兵们就再也不随同我们外出打猎了。

第十五章

蒙古盘羊

尽管我们在猎杀前三只公盘羊的地方已经看见了十几只盘羊，但第二天早晨哈利再去那座山的时候，就什么也没有了。他非常坚定地寻找着，却连一只狍子都没有见到，大概所有的羊都迁徙到别的地方吃草去了。我留在营地里监督制作标本的工作。

第二天，我们进行了一场很愉快的狩猎。6 点多的时候，我们爬上了营地西边蜿蜒的白色小道。半小时后，我们爬到山顶，凝望着巨大峡谷那阴郁的幽深。此时，连太阳都还没出来。之后我们分头行动，从不同的路线朝葱绿的高地进发。

那木其带着我沿着一条断裂的山脊向山顶走去，但显然，他不认为会在沟壑中发现野羊，因为他一路径直向前，从来没有停下来休息过。最后，我们到达了高地，看见一片广袤无边的高原，褐色草原如波涛滚滚。当我们绕过一个圆山丘，就在山顶下面不到 30 码的地方，有三只狍子跃了起来，然后呆呆地站着，注视着我们。接着它们喷了一下鼻子，朝着山坡冲了下去，之后又冲上了另一面山坡，但它们没走远。此时，又有两只野羊穿过山脊，跑到了浅沟的底部。让这些猎物就这样走掉，对我是一种痛苦的考验，但老猎人压住我的手，摇了摇头。

穿越山顶，我们坐下来四处看了看。在我们面前大约1英里开外有三个长满浅草的山谷，起伏的草地另一侧是断崖。突然，我通过望远镜在中间的浅沟底部看见了三只移动的野羊。“盘羊，”我对蒙古族猎人说。“是的，是的，我看到它们了，”他回道，“有一只的羊角很大。”他说对了，那只最大的盘羊有一颗华丽的头，而另一只也绝对不小，第三只是小母羊。三只羊四处走动着，细细地啃食着草，没有离开谷底。研究了一会儿之后，猎手说：“再过一会儿，它们就要睡了。我们就等到它们睡着了。如果我们现在就走过去，它们会听到或闻到的。”

我带了三个梨当午餐，吃了其中一个，还抽了根烟。猎手在草地上舒服地伸展开四肢，抽着他的烟斗，感觉很惬意。这个休息的地方，风吹不到，太阳还暖暖地照着。我用望远镜观察着盘羊，心里想着，那天晚上我是否应当把那只漂亮的公盘羊扛回营地。终于，小母羊躺下了，另外两只也躺了下来。

我们刚想行动，猎人碰了碰我的胳膊。“盘羊，”他悄声说，“在那边，从山那边过来了。不要动。”果然有一只盘羊朝我们的方向慢慢地小跑着。我无法想象，为什么它没有看见或闻到我们，风可是朝着它的方向吹的。它接着跑，跑过了差不多100英尺的距离，在对面的山顶停了下来。这真是一个射击的好位置！它离我们很近，我几乎能够数到它羊角的圈数了，多好的一对羊角，这就是我们展览群组需要的尺寸。但是，猎人让我再等等。他心里还想着1英里外安静睡觉的那只大公盘羊。

“一鸟在手，胜过二鸟在林”，这是我打猎时经常遵循的座右铭。同时我也不想为了猎捕山谷那边的大公盘羊，就让这只盘羊走掉。但我也非常尊重猎人的意见。他经常猜对，我早已经发现，最好还是服从他的建议。

所以，我们就看着盘羊慢慢地在山顶漫步。蒙古族人当时知道但没有告诉我的是，这只猎物正在走向其他羊群，而蒙古族人的沉默让我们错过了这只大公盘羊。你可能会奇怪，他是如何知道的。我只能说，这个蒙古族人认为盘羊的行为方式非常值得研究学习，他就像野羊一样思考。还有，他也是一个非常聪明睿智的打猎同伴。他的同情心、热情的幽默感和对帮助我获取最好标本的兴趣，让我对他感觉非常亲切，这种亲切只有探险爱好者才能理解。他的山西方言以及我有限的普通话结合起来很奇怪，但我们总能够通过手势相互理解，我们从来不会在任何重要的事情上相互误解。

对于如何进行追踪，我们之间有很多友好的分歧。当他被证明是正确的时，他孩子一般的欢欣总是让人非常开心。一天早晨，我抓住了他的一次小失误，他好几天都不能忘怀。那天，我们坐在山腰，我通过望远镜在远方高地上看到了一群野羊。“是的，”他说，“有一只很大的公羊。”我一直疑惑，他是如何在这么远的地方判断距离的。但我不会质疑他的意见，因为很多次经历已经证明，他对目测距离的准确把握超越了我们的想象。

我们开始朝野羊移动，半英里之后我又看了看。我觉得我看到的大概是一头驴。我说了出来，猎人笑了起来。“不可能，我都看见羊角了。”他说，“一只很大很大的羊。”我又停了下来，做了一个当地人俯身割草的动作。但我没有说服这个蒙古族人。他鄙视了一下我的望远镜，甚至没有用望远镜自己看看。“不需要，肯定是野羊，”他笑着说。但是我也非常确定，肯定不是。“好吧，我们等着瞧。”他说。当我们再次查看时，就确定无疑了，所谓的羊其实是驴。这时，看着这个蒙古族人难堪的表情真是享受呀，我重复地拿他这个小错误开了很多次玩笑，当然他在我犯错时也经常拿我开玩笑。

那个阳光明媚的星期四中午，我们穿越山谷，回来找那只我们一直在追踪的盘羊。在公盘羊消失后，我们绕着山顶慢慢走，找到了连着山丘的草甸，顺着草甸我们回到盘羊睡觉的那个山谷。一路上，我都处在一种犹豫不决的焦躁当中。难道我就让这只公盘羊跑掉吗？这可是我们想要的那种公盘羊呀，是什么导致我没有对其他盘羊开枪呢？这次又是“一鸟在手”，而我在这句百试百灵的座右铭上犯了错。

然后怕什么就来什么。我们看见一个割草人和两头驴出现在左边的沟壑，他顺着我们上边长草的山脊走了大约 500 码。如果他向右转，穿越草甸的上边缘，我们就搜寻无望了。甚至如果他一直向前走，盘羊们就有可能闻到他的味道而逃跑。蒙古族人的脸色难看得要死。我相信，他如果能够抓住那个割草人，一定会把他弄死的。但命运是仁慈的，割草人和他的驴一直朝左走，穿过了高地。蒙古猎人还是不着急，他的座右铭就是“慢一点，慢一点”。我们似乎只能慢慢爬上空旷山谷的山腰，我希望盘羊还在山谷里面。

在山谷顶端，老猎人示意我跟在他后面，还小心翼翼地抬起了头。之后又走远了一点。每走一步都要长时间地观察。他踮起脚尖，向右靠了靠，静静地示意我移动到他的身边。

就在这时，一阵风扫过山顶，吹入了沟壑。突然，传来一阵脚步声、岩石滑落声。三只盘羊在对面山坡上冲进了我们的视野，并在200码开外停住。我的猎手疯了似的低声说道："还有一只。别开枪。别开枪。"我全然无法理解，他为什么还不开枪，我明明知道山谷里面只有三只盘羊。那两只公盘羊很大，我把注意力放在领头的那只盘羊身上，于是我一枪射穿了它的肩部。另外两只跑出几码远，又停了下来。我开枪时，盘羊被击中，转了个身，但没有摔倒。我又开了一枪，然后放下了步枪。我们明明都看见子弹钻进肌肉，但这只公盘羊却还能够一动不动地站着。

我又开了多余的第三枪，公盘羊向前摔倒，滚动了一下，摔到了山谷底。那木其一直在哼哼着："不对呀，不对呀。大的那只，大的那只。"当第二只野羊走下来时，我知道他哼哼是为什么了。山谷外我们正下方的位置，冲出了一只巨大的公盘羊，颈部、肩部全是白色毛皮，还有一对硕大的盘绕的羊角。我惊喜得动弹不得。怎么会有四只呢？我只知道有三只呀！

一般情况下，我都是非常冷静地开枪射击，射杀完所有猎物之后才会流露一下激动之情，但今天突然冲出来的这只公盘羊给我带来了一点额外的惊喜。我忘记了我平常在射击时经常对自己说的话："瞄低一点，瞄低一点。你是在向山下射击。"我毫不含糊地地瞄准盘羊的灰白色肩部，扣下了扳机。子弹仅仅是擦过了它的背部。它跑了几步便止住。我马上再次开枪，子弹又差了一点点。我看见盘羊跳了一下，我马上再次拉枪栓，来不及了，步枪里面没有子弹了。我还没有来得及装上子弹，盘羊就消失了。

那木其彻底恼了。我都已经猎捕到两只很好的公盘羊了，他却还想去猎捕那只大的。"但是，"我说，"第四只盘羊是从哪里来的？我只看到三只呀！”他惊愕地看着我。“难道你不知道在我们这边走的那只公盘羊跑到另外几只那边去了吗？”他反问道，“任何一个人都应该知道这一点。”

好吧，我是真不知道。还有，我不应当开枪。蒙古族人又开始说我了，说我总是太着急。他说，我和很多别的外国人一样，总是冲动着急。我知道他说的是对的，我顺从地接受了他说的很多事情。我总是太着急。让那只公盘羊跑掉，抵消了一部分猎捕到其他野羊的乐趣。更让人难过的是，那只漂亮的猎物就站在我们第一次看见它时坐着的那个山坡上，它身边还站着一只小母羊，盯着我们看了半小时。

那木其瞪着它，挥了挥拳头。“我们明天会抓到你的，你这个狡猾的家伙，”他说，然后又对我说，“你别担心，我抓不到它，就不吃饭。”

在接下来的10分钟里，这个和蔼可亲的蒙古族老猎人一直在努力让我高兴起来。他对我说，他知道那只公盘羊会去哪里，我们今天可能抓不到它了，明天再说，我今天猎捕到的两只公盘羊非常漂亮，他真心为我感到骄傲。

我看了一眼猎捕到的两只盘羊，感觉好多了。两只盘羊都是状况非常好的猎物，都有着美丽的羊角。其中的一只就是那只走得离我们比较近的盘羊，这一点毋庸置疑，我一眼就看出了它的脸和身形。每一只盘羊都有着独特的、不会混淆的特征。它的抬头姿态、羊角曲线、色泽，就像人类一样，各有不同。

我们在检查猎物时，哈利和他的猎手出现在了沟壑的边缘。他们牵着一头驴，驴背上驮着一只两岁公盘羊的头和羊皮。他们是一小时前在我们前方的高地打到这只公盘羊的。这只两岁的公盘羊正是我们展览所需要的。我们只要再打一只大公盘羊和两只母盘羊，这个展览群组就完整了。

可怜的哈利一瘸一拐地走着。他前一天早上扭伤了右腿的肌腱，一整天都受着极度的疼痛。他想留下来帮我们剥羊皮，但我没有同意，让他先返回营地。我们离宿营地太远了，走回去就能让他费尽力气了。

在下午 4 点半时，我们剥好羊皮，把肉和皮都放在哈利征用来的驴上。我们只能沿着河床走回去，因为晚上走悬崖边的小路实在太危险。到了 6 点，山谷里就全黑了。

驴成了我们的救星，驴在黑夜里不用眼睛，而是靠直觉沿着悬崖下边的小路走着。我拉着走在最后面的那头驴，旁边是两个蒙古族猎人。依靠着这些帮助，我们走出了峡谷，进入了宽阔的山谷。到达村子时，我饿得都想吃木头了，从早上 6 点到现在我只吃了三颗梨，而那时已经是晚上 9 点了。

哈利在天黑之后才虚弱无力地来到营地，他在路上遇到了我的表兄——美国公使馆武官托马斯·哈钦斯中校，以及奥斯汀·巴克少校，我们正等着他们的到来。他们上午 10 点到达村庄，下午在营地 3 英里外的山里一个漂亮的寺庙附近打野兔。伙计为我准备了晚饭，我们边吃边笑，托马斯和巴克与我们在一起的五天里，我们总是欢声笑语。

哈利第二天没有去打猎，他受伤的腿脚需要休养。托马斯和我一起打猎，巴克由蒙古族老猎人带着，毕竟老猎人是一个非常优秀的猎手。托马斯和我沿着白色小道爬上山脊，巴克则朝左边走，爬上了峡谷另一边的顶端。那木其非常想找到我昨天失手的那只公盘羊，他非常确定地记得我们发现那只盘羊的位置，他根本就没有考虑小路另一边的沟壑。

在距离山顶不到半英里的地方，蒙古族猎人停下来说："山谷对面的山脊上有盘羊。"他又看了看，转过身来，嘴边浮现着微笑看我。"就是昨天那只，"他说，"我就知道它会在那里。"经过望远镜查看，确实就是那只，我一下就认出了我们的老朋友。它身边还站着那只小母羊，还有另一只顶着小圈的羊角的公盘羊，体形不比大的那只小多少。

我们观察了半小时，蒙古族人在一旁抽着烟。盘羊就站在河那边山脊的顶端，不时地挪动一下，但也并未远离我们第一次发现它们的地方。我的猎手说，过不了多久它们就要睡了。没到半小时，它们就排成一队下山走进了山谷，我们也走了下去，越过一个矮山脊，来到河边。另一边是一个非常陡峭的悬崖，我们用了一小时才走入盘羊消失不见的那个山谷。但是我们没有发现它们。猎人说，盘羊要么往上走，要么往下走，但他难以确定到底是往哪边。

我们先往上走去看了看，没有发现盘羊。然后，我们翻过第一次见到盘羊的山脊，小心翼翼地越过岩石的边缘。我们发现它们了，大概在下方 300 码远的地方。盘羊警觉起来，托马斯的猎人不小心在山脊顶端暴露了自己。托马斯着急开了枪，却忘记了他是朝着下山方向射击的，结果就射偏了。盘羊们冲了出去，我射的两枪差不多偏了 400 码，盘羊消失在岩石后。

我的蒙古族猎人说，如果我们快点的话，我们可能会截击到盘羊。于是他带着我进行了一次愉快的追击，冲到谷底又冲上山谷另一边。我们又发现了刚才的盘羊，盘羊站的位置像一个由悬崖构成的“圆形剧场”，难以靠近。我建议爬上山脊，看看能不能射到它们，但是猎人对这主意嗤之以鼻。他说，在我们看到它们之前，它们肯定会闻到我们的气味或听到我们的声音。

托马斯和他的猎人不久也和我们会合了。我们躺着晒了一小时太阳，等着盘羊慢慢安静下来。天气暖和得令人愉快，我们晒着太阳，非常满足地享受着群峰环绕的壮观美景。

过了好长时间，那木其说，准备出发。他示意我们朝下走，让托马斯的猎手负责把盘羊朝我们的方向驱赶过来。我们下到河边的位置，蒙古族人让托马斯待在“圆形剧场”入口的岩石后面。他则带着我爬到半山腰，躲在两块巨石后面。

我在艰难的攀爬中喘着粗气，老猎人等了等，直到我能够射击时，他发出了信号，托马斯的猎手出现在了“圆形剧场”的顶端。羊群马上就动了起来，朝我们的方向跑过来。我从来没有像今天这样如此近距离地观察盘羊，它们看上去如大象一样巨大。在盘羊爬上距离我们不到 50 码远的一块岩壁的顶端时，那木其发出了尖锐的哨声，盘羊突然停下来，像石头一样站在那里。

“开始，”他小声说，“射击。”我刚端平步枪，子弹就“砰”的一声射了出去。我曾经向猎手们展示过如何使用这种精密的触发器，但我今天却不小心误碰了扳机。盘羊马上跑开了，但只有一条路可以逃走，那就是从我身边下山。我的第二颗子弹击断了大公盘羊的后腿，第三颗子弹射中了它的下腹部。它蹒跚起来，但还接着跑着。盘羊跑到了谷底，我的第四颗子弹也射中了它的颈部。

当其他公盘羊和母盘羊出现在“圆形剧场”入口时，托马斯也开枪了，但他的瞄准标尺在攀爬悬崖的时候弄松了，他射的子弹完全失去了控制。运气真不好，我非常希望他能够捕到一只盘羊。

大公盘羊最终死于腹部的子弹，我本来在它穿越小溪时还可以射杀另一只，但经验告诉我，在今天这样的野外环境下，不要对受伤的猎物掉以轻心。我以前就因为没有击毙受伤的猎物，导致猎物虽然受伤，但还是跑掉，损失了好多标本。

发现盘羊的位置

这只漂亮的大公羊的羊角差不多和哈利第一天打到的那只的一样大，但今天这只盘羊的一个羊角尖有裂损。这只公盘羊像一个老武士，一定经历过很多的冬季，并且和其他公羊打过很多架。它的羊皮很厚，质地优良，我们从来没有见过如此优质的羊皮。它躺在谷底，巨大的身躯给我留下了深刻的印象。我们还没有抽完烟，就有一个蒙古族人赶着两头驴来到我们面前，我们比较了一下盘羊和驴的身躯大小。盘羊比驴还要大三分之一，而且那巨大的脖子和头肯定比驴子重得多。

剥好公盘羊的皮，托马斯和我让蒙古族人把羊肉、羊皮、羊头装好，让驴驮着。我们爬上山口顶，在暮光中慢慢走回营地。我们回到村子不久，巴克少校也回来了。他累坏了，他的猎人把他带到营地北面一个崎岖的山区。对于一个刚从城里来的人来说，今天是非常艰苦的，但巴克非常热情。尽管他没有射杀到公盘羊，但他确实射伤了一只公盘羊的腿，他还看到了 20 头盘羊，比哈利和我在乌素图期间见到的还多。

当我们第二天早上 5 点钟醒过来时，托马斯小心翼翼地拉伸着身体，并说他的身上只有眼皮不酸痛。哈利还处在丧失战斗力的状态，他扭伤了腿部肌腱，我也得了流感。巴克说，他的关节嘎吱嘎吱响得厉害，但是他仍然充满了热情。我们一起出发，在离营地 6 英里的地方分头进发。巴克在高地发现了盘羊，但一头都没有打到。他用的是一种特殊型号的美国陆军斯普林菲尔德步枪，它差不多和重机枪一样重，很不适合在崎岖的山区打猎。他非常想猎捕到一只盘羊，为此他也非常尽力，他应该拥有这座山里最好的一颗羊头。中午时，我发了高烧，几乎没有力气回到营地。下午 4 点钟我到达了营地，比托马斯要晚一点。他也没有发现盘羊。

后来我们就再也没有进山了，我卧病在床差不多一周，哈利也只能在庭院里蹒跚走路。10 月 28 日，托马斯和巴克就离开我们，前往北京。他们的离开让哈利和我非常难过。我和很多人在世界上的很多国家一起宿营过，但他们是比任何人都要优秀的打猎伙伴。哈利和我都将永远铭记和他们一起打猎的快乐日子。

尽管我还能骑马，但非常明显，我在接下来的一周都无法打猎了。我们共计猎杀了七只盘羊，对展览群组来说是足够了。但是，我们还是决定到 50 英里外有马鹿的地区宿营。希望等我们到达那里的时候，我们两个都能恢复健康。

第十六章 山西的马鹿

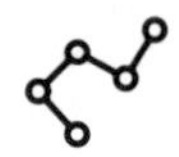

整个上午，我们的马车都在阴暗山谷的乱石上颠簸着，嘎吱作响。这里距离我们猎杀野羊的地方有四十几英里。每多走1英里，两边的悬崖峭壁就会向我们压得更近一点，最终，山谷被峻峭的岩壁所阻断。我们的目的地是一个叫作五台海子[①]的村庄，但这个狭窄的山谷里面，怎么可能会有一个村庄呢。

直到我们走到距离边界只差四分之一英里时，我们才看清了一堆泥墙小屋，看上去就像敷在石头上的燕子窝。这里毫无疑问就是五台海子，哈利和我骑马上前去察看。

在一个小屋门前，我们遇到了我们的一个中国标本剥制师。他挥着手把我们迎进了院子，大声宣布说："这里是美国公使馆。"院子里有一大堆干草和石头。在敞开的窗户中间，破纸片在风中飞舞，最大的一间屋子里面有一个泥砌的睡炕，在另一间里，一头肥母猪和五头扭动的小猪懒洋洋地卧在地上。六年前，美国海军陆战队上校（当时还是上尉的）托马斯·霍尔库姆曾经在这里住了几天，

① 五台海子，今河北省张家口市尚义县察汗淖尔。——译者注

猎捕麋鹿。因此，这里一直被当作“美国公使馆”，到现在也没变。

我们把村子里面的房子查看了一遍，确实没有更好的房子了，所以我们把母猪和小猪赶出了房子，打扫了房间，在炕上和地上铺上干净的干草，贴上新的窗户纸。我们希望住帐篷，但这里只有干草可供燃烧，煮饭是不可能的。这个村子太穷了，没钱从40英里外的归化城买煤，周围光秃秃的褐色山丘上连树都没有。

这些晋北房屋的炕边都会有个泥炉，上面烧着一个大铁壶，炉子旁边有一个手拉风箱。只要一只手往里送稻草，一只手用力拉风箱，就可以烧火做饭了。

除了一天中少数的几个小时外，房子里外是一样的冷，但当地人完全不在意。男人和女人都穿着羊皮大衣和棉裤。除了夜里，他们进屋也不会脱大衣，他们并不把温暖看作是日常生活中的必需品。一个烟道将热量从做饭的炉子引到炕下面，土砖则可以保温好几个小时。

五台海子是整个华北地区此类村庄的典型——泥砌小屋，带一个小院，一间连着一间，建在山坡的一个角落里。谷底或山坡有几亩可供栽种的土地，出产足够的小麦、玉米、萝卜、卷心菜、土豆供当地人食用。他们的生活中多劳动，而很少欢乐，但也还算过着满足的日子。

想象一下，我们这些外国人突然出现在他们当中的时候，对他们意味着什么。我们来自山外的世界，一个他们曾经听说但非常不真实、如外星球一样的世界。对他们来说，欧洲与美国仅仅是一个名字，而不是一个实实在在的地方。有些人从经过的士兵那里听说，这些来自昏暗而遥远地区的奇怪外国人相互之间曾经发生过战争，而中国与这些战争之间也存在一种模糊的联系。

但这并没有影响他们在岩石环绕的小山村的生活。他们的世界被这些山谷包围着，他们最大的活动范围也就是到 40 英里外的归化城。他们甚至知道，有一种“烧火的车子”能够通过两根铁轨只用四天的时间就开到丰镇，但很少有人见过火车。所以，火车就像战争故事、飞机、汽车一样对他们而言非常不真实。

我们在卸马车时，所有村民都聚集到“美国公使馆”前。他们在无声的震惊中注视着我们的枪支、照相机以及睡袋，但标本托盘的出现引起了巨大的反响。这些标本是他们生活中所见事物的一部分，这是他们可以理解的内容。他们曾经在田间见过老鼠和野兔，标本中的黄鼠狼也和偷他们鸡的黄鼠狼一模一样。他们看到红腿鹧鸪标本时，指着一片岩石告诉我们，那边有很多的鹧鸪，还有些野鸡。

他们当然不理解为什么我们需要动物毛皮。我对他们说，这些毛皮将会越过大洋，去往美国，放到一间和山一样大的房子里面，但是他们只是笑着摇摇头。大洋对他们来说没有任何意义，和山一样大的房子对他们来说也没有任何意义，他们也不会有任何机会去这样的地方。他们很明白这一点。

我们来五台海子是为了捕猎马鹿，当地人告诉我们在村子背后的山里就可以找到马鹿。就在昨天晚上，有个村民说，他曾经在山腰见过四只马鹿，其中两只长着很长的鹿角，但这个季节的鹿角都长硬了没用了。他说我们应当在春天的时候来，春季的鹿角是软的，软的才有用。每对鹿角至少价值 150 元，大一点的更贵。医生可以用鹿角做成有疗效的药物，很少的一点就可以治疗非常严重的疾病。村民无法猎捕马鹿，因为士兵很早以前就没收了所有枪支，但他们会告诉我们哪里能够找到马鹿。

这些消息使我们感觉非常愉快，我们非常需要找到一些马鹿。马鹿是衔接新旧世界动物的证据链中的一个环节，这就是为什么亚洲是全世界最迷人的狩猎之地。

当早期定居者第一次进入美洲森林时，他们发现了一种印第安人称为马鹿的大型鹿类。很多年来，人们都认为马鹿只生活在美洲，但不久之前，在中国、朝鲜、西伯利亚发现了同样的马鹿，毫无疑问，美洲的马鹿也是源起于这些地方。白人发现者错误地把这种动物命名为“麋鹿”，但这一名称实际上应当属于欧洲“驼鹿”，所以，探险爱好者们就采用了印第安人的说法“马鹿”来称呼这种动物，以避免混淆。当然，动物从亚洲迁徙到了欧洲和美洲，不同的环境进化出了不同的动物种类，但不同种类之间的联系实际上是非常紧密的。

我们希望在五台海子能猎捕到一种特殊种类的马鹿——属于在中国几乎要绝灭的一个物种。在鹿角还在生长，并且像天鹅绒般柔软时，人类对野鹿进行了无情的猎杀。再加上森林遭受着持续不停的砍伐，导致只有很少的野鹿在山西北部的遥远角落里继续存活。这些很快也要被杀光了，因为铁路已经延伸到了离它们最后的栖息地只有几英里远的地方，大量的狩猎爱好者马上就会从中国的对外通商口岸蜂拥而至。

我们在这里的第一次狩猎是在 11 月 1 日。我们沿村子后边的一条小路离开了宿营地，下到一条布满石头的小溪的溪床，顺着小溪到达了一个巨大的峡谷。我们的目光顺着近乎垂直的岩壁而上，直到看见数千英尺之上谷顶处参差不齐的边缘，一种渺小无助之感油然而生。峡谷的浩大幽深形成了一种莫名的威压，但当我们向前走，至峡谷突然开阔得像一个巨大的竞技场时，我们心里感到了一阵独特的解脱感。场地中央耸立着一个花岗石基座，上面有一个岩石尖顶，尖顶上如皇冠般建着一座小寺庙，耸入天空。从溪床到尖顶至少有 300 英尺高，通过峻峭的岩壁将建筑材料运送上去，一定是一项特别艰险的工作！在山谷中劳作的人，攀爬上去进行劳动和膜拜，其间经受的危险和付出的努力一定会让他们得到功德。

再往前走，我们穿过了两个村子，然后向右拐，进入了一个支谷。我们非常期待能够见到森林的踪迹，但这里很多山谷仅有的覆盖物是稀疏的桦树和白杨树，都不超过 6 或 8 英尺高，而且是长在山的北面。终于，我们走出了山谷，看见了一片起伏的高地。

我转过身去对着那木其说："马鹿还有多远呀？""就在这里，"他说，"我们已经到了。马鹿就在山腰的灌木丛里。"

哈利·R. 考德威尔和我都感到诧异。在这样一个地方捕猎马鹿，这看起来太不可思议了。这里根本就没有草木覆盖，连一只野兔都无法躲藏，更不用说和马一样大的马鹿。但是，猎手安慰我们说，马鹿就在这里。马上，我们在一个山谷边缘看见了三只狍子，当它们在稀疏的草木间跳跃时，它们臀部的白色斑块显露无遗。我们可以非常轻松地猎杀它们，但猎手不让我们射击，猎手说我们要干票大的。

过了一会儿，我们分成两队，哈利继续走向山谷，我的猎手和我朝我们正上方的一片灌木丛走去。还没有走出 50 码，我们就听见了一阵蹄子踩石头、快跑的声音。我看见四只马鹿冲过了灌木丛，三只母马鹿向前走，公马鹿则在山脊顶停了下来，正好停在一片绿色嫩枝的下面。透过枝条，只能隐隐约约地看见鹿的身躯，我瞄准了最大的那头。我才把手指放到扳机上，蒙古族猎人就碰了碰我的手臂，激动地小声说："不要开枪！别开枪！"

当然，我知道射击距离太远了，子弹在飞行过程中会被树枝遮挡、弹开，但眼前的这些鹿角离我太近了，我太想得到它们了。我不情愿地放下了枪，公马鹿翻过山消失了，之后母马鹿也跑了。

"它们会停在下一个山谷，"猎人说。但当我们小心翼翼地从山脊往上看时，我们没有看见马鹿，到了下一个山谷也没有发现。最后，我们终于发现了马鹿的踪迹，它们正前往长满青草的高地。但是，在没有树木的山坡，想找到马鹿这种森林之兽看起来实在是荒谬。但是，蒙古族老猎人径直朝前走着，穿过起伏的草地。

突然，在右方，哈利的步枪很快发出了"砰、砰、砰"的三声，隔了一会儿，又响了两声。10 秒钟后，三只母马鹿的黑色背影出现在了天际。它们朝我们快速地跑着。我们立即卧倒在草地上，像灰色石头一样静静地躺着。又过了一会儿，另一只马鹿出现在了母马鹿的身后。阳光在它分叉的鹿角上闪耀着，毫无疑问，这是一只公马鹿，而且个头巨大。

母马鹿从我们上方 200 码的地方经过，冲到了山峰后边。我本来可以非常轻易地到达它们所在的山峰，猎捕到这三只马鹿。但是，后边还跑来那头大马鹿，猎人不让我行动。"等一等，"他小声说，"我们一定会抓到它的。等一等，我们不会让它跑掉的。"

"要是进了山谷怎么办？"我回问道，"它只会走进那些树丛中去。它永远不会穿越这种开阔的山坡。我要开枪了。”

“不要开枪，它不会去那里面的。我肯定它不会。”蒙古族人是正确的。这只大个头的马鹿朝着我们的方向跑过来，到峡谷的入口时，它突然停了一下，朝下边的灌木丛看了看。这时的我紧张得心都要跳出来了。然后，不知道为什么，它转过身继续走着，走到300码处突然又停住了，摇摆着身体，又看了看峡谷，似乎在考虑跑回去。

它站在侧边，我用步枪射击时，可以听见子弹击中肌肉时的闷响，但是它好像一点都没有受伤的样子，继续往前跑着，停在一片隆起地面的下边。它的背部露出了10英寸，华丽的头部也露了出来。从300码的距离看，这个目标实在太小了，我第二次失手了。我已经非常小心地将枪口上的象牙珠对准了细细的褐色瞄准线，但子弹还是只擦伤了它的背。太没用了，我根本打不中它。我只好朝山上跑了几英尺，终于看见它的整个身体，只开了一枪就把它撂倒了。

老猎人高兴得大叫一声，冲下了陡峭的山坡。我与他打野羊时，他也没有如此激动，今天他是真的高兴极了。在他安静下来之前，我们看见哈利从第一次出现野鹿的山丘走了过来。他告诉我们，他已经远距离射杀了那只公马鹿，本来以为公马鹿被射死了，后来却听到了我们的枪声。我们发现他的子弹击中了马鹿的肩部，但马鹿还在跑，好像没有受伤一样。

我怀着极大的兴趣检查了公马鹿，这是我见过的第一只这一种类的亚洲马鹿。它华丽的鹿角有十一个角尖，但角尖处就不像角梁一样大了，还有一些角尖像美洲麋鹿一样弯曲。然而，它有着极为丰富的色彩，这就决定了它比任何一种美洲动物都漂亮。

但真正了不起的事情是我们在这里找到了马鹿。在这里看见马鹿，就像在戈壁沙漠看见汽车一样不协调，因为在世界上其他任何地方，这种动物都居住在森林公园一般的开阔地，而不是像这里没有树枝和灌木、只有青草覆盖的起伏高地。毫无疑问，多年前这里的山脉应当是被森林覆盖的。在树木被砍伐之后，动物没有了选择，要么死亡，要么适应像平原一样的新环境。白天，山谷里稀疏的桦树丛只能给马鹿提供有限的保护，但它们又不能只在晚上出来觅食。如我在世界上其他地方看到的那样，这就是快速适应环境变化的一个案例。

当然，马鹿之所以能够继续生存，是因为山谷的中国村民没有枪支。不然，冲着它们头上值钱的鹿角，要不了一两年，它们都会被赶尽杀绝的。

第十七章

马鹿、狍子和斑羚羊

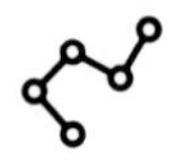

第一天之后，我们就离开了“美国公使馆”，将营地搬到山谷上面的一个村庄。那里一共两个村子，距离狩猎场大约 1 英里。村里只有六座茅屋，但比五台海子的要好一点，我们可以相当舒适地安顿下来。每间屋子旁边都有一个硬黏土搭建的打谷场，一整天都能听到连枷敲打麦子的啪啪声。

一般来说，有风的时候，只要将谷物抛到空中，就能实现谷糠分离。但我们也看到了几台手动绞谷机，设计巧妙且效率很高。小麦在两块圆形的石头磨盘之间被磨碎，这个工具由一头被蒙了眼睛的驴子操作，它被拴在一根柱子上，一圈一圈地打转。当然，要是驴子能看见东西，它就不会一直绕圈子而不给主人惹麻烦了。

在我们的新房子背后，悬崖高耸，大约有数百英尺，红腿鹧鸪或者石鸡总在岩石或草丛中不停鸣叫。几乎一天中的任何时候都是打猎的好时间，我们总能在溪流对岸的田地里捕捉到野鸡、山鹑和兔子。除了马鹿和狍子，悬崖上的斑羚羊也很多，下面的山谷里还有一些羊。总而言之，这是一个真正的狩猎天堂，只是我担心这个天堂持续不了几年。

我们发现，马鹿并不像第一天狩猎时那么容易被猎杀。山峰之间隔着深谷，高耸险峻。马鹿很容易受惊，而要越过山谷就意味着又要爬一个多小时才能登上另一座山峰。这项工作可谓费时耗力，每天晚上我们都筋疲力尽地回到营地。

在这些灌木丛生的峡谷里，动物生活的密集程度真是非同一般，我希望贪婪的狩猎者永远没法找到这里。也许在中国任何其他地方都看不到在如此有限的空间里有这么多的狍子。当然，这是出于不同寻常的条件。通常，狍子生活在森林里很开阔的区域，如今它们只能囿于灌木丛生长的几个峡谷中。周边开阔的山丘几乎像水一样将它们包围，与外界有效地隔离开来。它们从一个掩体中被驱赶出来的时候，就只能逃往下一个山谷。

这些马鹿和狍子对全新环境的适应太让我感到惊奇。每次看到它们跑过开阔的山坡，或者穿越连绵起伏、没有树木的丘陵，我总是觉得很神奇。如果是一头大象或者一头犀牛出现在这里的话，也不会显得更离奇了。

自从射杀第一只马鹿后，我们两天没有开过一枪，尽管狍子就在我们周围，我们也很想给博物馆制作一个系列的标本。这种西伯利亚狍的体型和鹿角都比我们在蒙古地区捕获的狍子小，颜色也不一样。

在第二次狩猎中，我一个人就碰到了四十五只狍子，在我北边很远的哈利遇到了三十一只。第三天，我们一起出猎，至少完成了一半的任务。其间，我们还看到了两只马鹿，但是并没有开枪。有一些我们非常想要的标本却总是被我们错过，这让我们很疲惫，于是我们决定不顾惊跑马鹿而去猎杀狍子。那木其和其他猎人对我们的决定很反感，他们只想打到一些大型猎物。在前两次捕猎中，他们三心二意地参与了一下。虽然峡谷里跑出来十七只狍子，但最后它们都逃走了。

哈利和我为猎人们举行了一场作战会议，告诉他们，无论他们有什么意见，我们都决定要在那天猎杀狍子。他们意识到自己也没法阻挠我们，于是以一种非常公事公办的态度开始下一步行动。

那木其带我来到一块凸出的岩石边缘等待当地猎人。他们出现在峡谷边缘时，我们看到五只狍子在它们此前睡觉的灌木丛中移动，有四只冲破人们的防线，逃跑了，但有一只公狍子直冲过来。它跑上山坡时几乎就在我脚下，越过一块石头，但是直到它跑到对面的山上，我才开枪。它猛地向前一扑，死了。

我们没有移动，而是派人翻过山顶，去山谷的另一边。老蒙古族猎人和我躺在岩石上，抽了半小时烟，我尝试用自己蹩脚的汉语，给他讲我在阿拉斯加猎熊的故事。我刚讲到自己杀了熊，我们就看到天边出现了五只狍子。它们径直向哈利跑去，不过片刻，我们就听到两声连续的枪响，我知道这意味着至少还有一只狍子。

5 分钟后，我们发现一只狍子绕过我们坐着的山脊。从这个距离上看，它不过像只棕色的兔子，但它跑向了我们峡谷底部的包围圈。这是一只公狍子，它的角非常华丽，我们看着它稳步跑来，直到它几乎到了我们眼前。

那木其悄声说："它停下之前不要开枪。"但这只狍子似乎并不打算停步。快到山顶时，它停顿了一秒，直向我们冲过来，我开枪了，狍子向后一跳，子弹穿过了它的脖子。

那木其很高兴，因为我两枪射杀了两只狍子。哈利带来了一只很漂亮的雌狍子。在它全力穿越山谷时，哈利射穿了它的身体。就连老蒙古族猎人都不得不承认，我们的枪声并没有对马鹿造成太大的干扰，所有人开心得像孩子一样。我们的伙计和猎人都有肉吃了。

第二天我们要在营地北边的悬崖上猎捕斑羚羊。斑羚羊是哺乳动物中很有趣的一个种类，被称为“山羚羊”，因为它介于“山羊”与“羚羊”之间。羚牛、鬣羚和斑羚是臆羚属这一亚科的亚洲品类。美洲羚羊的代表是洛基山山羊，欧洲羚羊的代表是岩羚羊。斑羚羊可以被称为亚洲羚羊，它的生活习性跟欧洲羚羊很像。

在第一次亚洲探险中，我在云南射杀了二十五只斑羚羊。因此从狩猎的角度来说，我对猎杀别的斑羚羊并不是很热心。但是我们确定需要几个标本，中国北方的斑羚羊是另一个种类——长尾斑羚，而在云南我们打到的是中华斑羚。

而且，哈利很想打到几只动物，因为他在猎捕方面不是很成功。我们在猎捕斑羚羊的时候，他在五台海子打到了一只，后来又打伤了两只，他开始知道捕猎羚羊有多难。

爬上几乎垂直的1000英尺的悬崖，是我们面临的最大困难。到达山顶后，我准备晒太阳休息一下。虽然我的猎手还没能成功遇到一只斑羚羊，但是我们就听到哈利在右边开枪了。半小时后，我用望远镜看到了他，他还有个同伴肩上扛着一只斑羚羊。

途中，哈利惊扰了一只斑羚羊，它从对面的峭壁全速奔跑而来，在岩石间弹跳，仿佛是印度橡胶制成的。几乎无法想象，除了鸟，还有什么东西能在悬崖上移动，可是这只斑羚羊却如履平地。我没打中，它消失在岩石间的洞穴里。我又朝着洞口开了两枪，希望将它驱赶出来，但没什么动静。两个猎手爬到距离洞穴 30 英尺的地方，扔下一堆土块、石头，但也没什么效果。接着一个当地人冒着生命危险从下面爬上去，正当他爬到通往洞穴的岩架时，斑羚羊跳了出来了。蒙古族人吓得大叫，因为这只野兽差点把他推下岩石，掉进峡谷底，接着斑羚羊就躲进了另一个洞里。

我再也不会为了中国的斑羚羊去爬上千英尺的山了，但是哈利开始往下爬。那只野兽一直待在洞里，直到猎手爬到对面，它才像箭一样几乎冲到哈利面前。哈利被吓了一跳，两次都没打中。

我决定放弃捕获斑羚羊的计划。那木其带着我和两个猎手爬过山顶，我们一下就找到了狍子。最后回营地的时候，我带着两只公狍子和一只母狍子。在山谷下，我遇到哈利，他扛着猎枪，身边的伙计挂着一身的野鸡和石鸡。放下了斑羚羊之后，他又费力地爬上山，但只找到了两只狍子，其中一只被他打死了。

11 月 7 日，我们猎杀了第二只马鹿。那天很冷，冰凉的风吹过山脊，我们在那里躺了半小时，猎手在驱赶 12 只狍子进入灌木丛时却弄巧成拙。动物们跑过山顶，躲过了我们，而山顶本该由当地人守着，我只开了一枪，打到一只狐狸。我的枪声惊到了八只马鹿，它们是猎手们穿越高地，前往一英里外的掩体时发现的。

顶着凛冽的寒风，我们在山上走了很长一段路，哈利走到一个宽阔的河谷底部，而我则继续和他平行地站在山脊的顶端。三只雄马鹿突然从我前面一个浅谷跳了下来，其中一只华丽的雄马鹿在灌木丛后面停了下来。这真是个巨大的诱惑，我开枪了，但子弹在树枝上炸开，我没能命中目标。哈利看到马鹿绕过山顶，他沿着岩脊底部跑过去，刚好拦住跑下谷底的三只马鹿。他躲到一块大石头后面，让一头母马鹿和一头小马鹿在离他几码远的地方经过，因为他看到小山脊后面，有头公马鹿的鹿角正在摇晃。等到那头公马鹿出现后，他朝着它的肩膀开了一枪，第二颗子弹落在第一颗子弹后面几英寸的地方。马鹿倒下了，但又站了起来，哈利又朝它的臀部开了第三枪，将它永远击倒在地。

哈利抬起头，看到另一头公马鹿从400码外的山坡顶上的一处掩体中走了出来。他抬枪射击，但射程太远，子弹只在公马鹿腹下激起一团雪花。

我在山顶上，完全没机会，离我最近的一只马鹿也有800码远。哈利射杀的公马鹿比我们杀死的第一头公马鹿小一些，但皮毛更漂亮。

经过一周的艰苦攀登，我们已经筋疲力尽了。星期日我们一边休息，一边收拾小型哺乳动物，中国标本制作师一直在我的指导下工作。

星期一早晨，日出后不久，我们就来到狩猎场。第一场狩猎时，一只漂亮的公狍子从峡谷里跑进了我所在的主山谷。突然间，它看到了坐在岩石下的我们，于是停了下来，昂着头，抬起一只脚，它就这么站在雪地里，阳光洒在鹿角上。我永远不会忘记那幅美丽的画面。我还来不及开枪，它就以极快的速度越过与我们平行的灌木丛，飞奔而去。我的第一枪只打中了它的后背，但第二枪正中它的肩膀，当时它还在半空中，翻了一个完整的跟头。

稍后，我们看到山上的两个猎手兴奋地跑向对方，确信他们一定看到了除狍子以外的东西。他们过来报告说看到了七只马鹿，从他们之间的山脊上跑了出来。

爬到山顶是一次严酷的考验。这是山谷那一侧最高的山脊，每当我们以为到达了山顶，另一座更高的山峰就隐现在我们头顶。沿着动物的足迹，我们进入山对面连绵的峡谷，并且试着进行围猎。对于我们四个猎手来说，这片区域太大了，动物们可以悄无声息地逃到任何一个山谷中去。在冰冷的寒风中，我和那木其在山坡上坐了一小时。我们都冻得发抖，此刻，就算一头马鹿停在 50 英尺外，我都怀疑自己能否打中它。

哈利看到一只小马鹿钻进了谷底的一片桦树林中，他下山把它赶出来时，他的猎手发现了一只巨大的公马鹿。它就在距离我不到 200 码的峡谷里，正在慢悠悠地走，但因为有山丘的掩护，我看不到它。

天快黑前，我们顺着主河谷延伸出来的一条深谷回家，一边走一边低声交谈。我抽着烟，肩上扛着步枪。突然，哈利惊呼道："我的天，罗伊！有只马鹿。"

就在这一瞬间，他的步枪"砰"的一声响起。我抬头一看，一只公马鹿在大约 90 码开外的峡谷斜坡上停了下来。我还没来得及拉开步枪的枪栓，哈利又开了一枪，但他看不到后瞄准镜上的刻痕，两颗子弹都打高了。

通过狙击枪的瞄准镜，这只动物清晰可见。我开枪后，公马鹿就像灌了铅一样掉了下去，在山坡上滚来滚去。它试图站起来，但没法站稳，我又开了第二枪，将它彻底击倒。这一切发生得如此之快，以至于我们几乎没有意识到令人失望的一天竟能以成功告终。

返回营地的路上，哈利和我决定就此结束我们的狩猎，因为我们打到了三头上好的公马鹿，很显然，只剩下极少数的马鹿了。这个物种注定要早早灭绝，因为随着铁路的出现，马鹿凭借其非凡的环境适应能力建立起来的最后一个阵地，最终也会被外国的冒险家轻易攻破。我们至少能够让自己保持清醒和理智，避免过度屠杀导致这终将不可避免的一日提早到来。在中国的西部，其他种类的马鹿数量更多，但是在马鹿最不能保护自己的时节，它们面临的结局只有一个。

希望中国政府在最有趣、最重要的野生动物消失之前，能够制定有效的狩猎法。不过，我们可以尽可能在博物馆里对它们予以保护，为我们的子孙后代保留当下珍贵的物种记录。它们不仅是中国历史的一部分，也属于整个世界，因为它们提供了一些证据，让我们借此写下人类初现于地球的那些晦暗时代里的迷人故事。

第十八章 野猪与人类

中国的探险家都知道山西以野猪闻名于世。山西中部地区是低山和深谷，森林繁茂，生长有松树、橡树的灌木丛。橡子是野猪最喜欢的食物，而猪肉又是中国人最喜欢的食物，当然，外国人也喜欢。我吃过的所有家猪肉的味道，根本就比不上橡子喂养的野猪肉鲜美。甚至成年母野猪的肉都非常美味，但是老公野猪就不要吃了，老公野猪的肉不是一般地硬，而且有一股很冲的味道，太难闻了，煮肉的时候我在旁边闻着都觉得难受。我尝试吃过一块公野猪肉，也就一次，但让我非常难受，以至于我再也难以忘记。

只有在秋天落叶时，我们才有可能猎捕到野猪，而且只有早晨或傍晚、野猪在山腰找食时才能够发现它们。它们有时还会进入开阔地或小森林，你可以从山谷对面或山顶的位置很好地进行射击。如果在灌木丛中，你几乎就不会看见它们。野猪非常聪明，知道如何躲避追猎，而且因为它们体形大，需要开好多枪，所以比其他任何我知道的猎物都要难猎杀。因此，这也肯定会是非常有意思的狩猎。另外，一只没有警觉性的野猪非常容易追踪，野猪的视力不是很好，嗅觉也不太好，它主要是靠听觉来躲避敌人。

天津和上海有很多探险家年复一年地追逐更大的野猪獠牙，这些探险家才是狩猎野猪的真正行家。我自己的经验很有限，只在朝鲜、印度尼西亚苏拉威西岛及中国的不同地区猎杀过十几只野猪。

11 月 19 日，哈利 ·R. 考德威尔和我完成盘羊及马鹿的狩猎之旅后便返回了。他非常希望同我一起猎捕野猪，但福州有一些事情需要他亲自去处理，所以去年春天曾经陪同我去过东陵的埃弗里特 · 史密斯自愿陪同我去打野猪。我们于 11 月 28 日乘京汉铁路出发，第二天下午 2 点到达平定州[①]。我们雇了毛驴来驮行李和猎物。山西这一地区的所有交通都是依靠骡子或毛驴。所以，这里的旅馆很小，不像晋北的旅馆那样拥有大庭院。这里的旅馆不是很脏，但每一个厨房都用明火的煤炭，我们有时候会受不了，跑到室外来呼吸一下干净的空气。我实在无法想象，这里的人们是如何能够在这样充满煤烟的房间里面生活的。当然，煤烟中毒的情况并不少见，但我认为当地人可能已经对煤烟具备了免疫力。

我们的目的地是和顺北边 8 英里处的山区里的一个小村子。和顺是晋中一个较大的城镇。山西省首府太原府位于铁路终端。此地的野猪非常出名。但由于长期的猎杀，在距城两三天的路程之内都已经找不到野猪了。

沿铁路到和顺要走三天，这里的道路同华北地区的其他道路一样，走起来实在无趣。路上挤满了牲口和马车，一路都很单调无聊。走得又慢，一小时最多能够走两三英里。如果能够在路上打

① 平定州，现为山西省阳泉市平定县。——译者注

打猎，倒是可以帮助我们消磨一下时间。我们打到了一些野鸡、石鸡，还有一些鸽子，但并没有进行真正的狩猎。我们来到一个树木茂密的山谷，在一个叫高家庄的小村庄里一间相当舒适的中式小屋里安顿下来。在进山的路上，我们碰到了一队基督教兄弟会的传教士，他们已经在附近打猎五天了。他们见到了十到十二只野猪，并猎杀了其中一只肥硕的公猪——重达 350 磅，差不多是两只狍子的重量。

村子附近的山脉已经被猎人转透了。我们很少有机会能够再发现野猪，但无论如何，还是决定待上一两天。我在第一天下午猎杀了一只 2 岁的狍子。第二天早上，当我和史密斯正在山间小道上休息的时候，我们的一个同伴看见一只非常大的野猪在开阔的山脊处慢跑，后来又消失在森林茂密的山谷之中。我在突出的石肩处选择了一个位置，史密斯和一个中国人前去追踪野猪。野猪可以逃跑的出口太多了，我不得不待在一个可以俯视大片开阔地的位置。

史密斯还没有到达谷底时，和我待在一起的一个当地人突然开始疯狂地打起手势来，指着我们正前方一个树木繁茂的山坡。这个中国人突然像疯了一样跳了起来，正挡在了我的面前，我只看得见他挥舞的双手和扭动的身躯。最后我只好抓住他的衣领，把他推到地上，好让他知道要站到我的后面。过了一会儿，我看见一只野猪正顺着狭窄的小路跑着，影子倒映在小山阴面薄薄的雪地上。

我离野猪大约有 350 码的距离，射中它的希望很小，但我还是选择了植被上方的一块开阔地作为射击点，野猪跑到那里的时候，我开枪了。野猪尖叫着跳进了树丛。过了一会儿，野猪又出现了，曲折而行，走上山坡。我的视线穿过树林，只见野猪在雪地里走着。我徒劳地持续射击，打空了我的弹匣，但野猪还是翻过山顶消失不见了。

我们顺着它的血迹，在一片杂乱的灌木丛和荆棘中跟踪了两小时。很显然，我们肯定能够找到这头受伤的野猪，野猪停下来休息的地方，雪地上都有大块的血污。最终，我们穿过了开阔山脊，突然雪地上的血迹都消失了。我们无法在浓密的草丛中继续追踪它的足迹，在天黑之前，我们放弃了追猎。

之后的两天，狩猎都不太成功，我们认为传教士已经把野猪都驱赶到别的藏身之处。12 英里外有个地方，野猪很有可能是躲在那里。于是我们转移了宿营地，住到一个叫紫罗[1]的村子。距离这个村子 1 英里多的地方，有一片灌木覆盖的山丘，我们希望在这里试试看。

这片山区的当地人都不是猎人，他们都是农夫，现在农作物已经收割了，他们中有人有时间乐于陪我们一起到山里追踪猎物。尽管他们的视力很好，能够在超出我们可视距离的两倍远处发现野猪，但他们对如何追踪、如何打猎完全没有概念。当我们开始射击时，他们不是观察野猪，而是非常渴望得到空的子弹壳。我们每射击一次，他们就会拥上来抢，就像街上的孩子抢一分钱一样。这就妨碍了狩猎的顺利进行，他们还经常让我恼怒，使我创造了一生之中最糟糕的射击纪录。

还好，我们到紫罗村不久后就发现了野猪。马车顺着道路前往村庄，史密斯和我，还有两个中国人爬上了山。在距离村子不远

① 原文为“Tzilou”，疑为今山西省和顺县义兴镇紫罗村。——译者注

处的山脊顶端，我们遇到了八个当地的猎人。他们中的两个人使用古老的前装枪，其他人只有棍棒。很显然，他们的狩猎方法就是包围野猪，并将他们驱赶到持有步枪的人面前，之后由持枪者射杀。

因为两个向导希望当晚赶回高家庄，所以我们说服了另一个中国猎人陪同我们。那是个 18 岁的男孩，有一点斗鸡眼，长着张干瘪的小脸。他带领我们沿着一条从主山脊向北延伸的支路向下走，不到 10 分钟，我们便发现深谷对面有五只野猪。阳光温暖地洒在山坡上，动物们懒洋洋地在橡树林中觅食。它们是幸福的一家子——一头公野猪、一头母野猪和三头半大的小野猪。

我们悄悄地在树林中穿行，直到距它们不到 200 码远的地方。公野猪和母野猪消失在一个岩石的转角处，其他小野猪慢慢地跟着。眼看就要失去开枪的机会了。我叫史密斯射击左边的那只，我负责另一只，因为我正对着它的侧面。在步枪的轰鸣声中，峡谷中回荡着野猪的尖叫声。那只野猪滚下山坡撞在了一棵树上。公野猪从岩石后面冲出来，我在它侧身时迅速开火。它立刻跑到我们看不见的地方，消失了。峡谷恢复了宁静！

史密斯失手了，他懊悔不已。三个中国人冲下山坡，在我们到达对面的小山之前，找到了我射杀的公野猪，还发现了血迹。血迹一直延伸到另一只野猪消失的地方。

我射杀的是一头巨大的年轻公野猪。猪皮肥厚，呈红褐色。子弹贯穿了它的身体，从另一侧后臀部穿出。从血迹判断，我们认为我击中了野猪身体的正中，即前腿后侧约 10 英寸处。

捕猎经验告诉我们，射杀一头成年的野猪需要开很多枪，不要希望走上几码就能找到被射杀的野猪尸体，尽管野猪的每一个脚印的两边都染满了血迹。当中国人在追踪血迹时，史密斯和我快速爬上了另一个山脊，进入了一片密林山谷去阻击野猪。

我们在相隔几码的距离准备好射击位置，突然，我听到史密斯连开六枪。中国人将野猪从一片植被中驱赶出来，野猪爬上了对面的小山，正好处在史密斯的开阔视野当中。很显然史密斯的六枪全都没打中，那头野猪躲进了灌木丛中。因为这次射杀并不是一件非常困难的事情，所以可怜的史密斯对于这次失手更加伤心了，连话都不想说。我安慰了他半天。

我们爬上山顶，野猪已经消失在灌木丛中，这时已经没有抓到这只猎物的希望了，但无论如何，我们还是沿着血迹追踪。我走在最前面，跑到一块覆盖积雪的巨石下。在我下方较远处，我看见了一只肥大的母猪和一只小猪在林间慢慢地走着。我迅速转身，结果却失去了平衡，脚下石头一滑，摔进了灌木丛中，闹出了一阵比汽车还大的噪声。我及时爬出来，发现刚才的两只野猪已经消失在松树林中了。我身上有十几处擦伤，还流了血，但我还是坚持爬上山脊往前冲去，希望能够截住野猪。野猪没有出现，我们试图在它们消失的丛林里进行驱赶，但再也没有见到它们。天色早已开始变黑，我们来不及再去追踪另一只受伤的野猪的踪迹，所以不得不结束今天的打猎，返回了村子。

一个同伴帮我扛着枪。我们在回去的路上还猎杀了几只野鸡。很多野鸡飞到开阔地来觅食，顺着山谷每隔几百码就聚集着一小群野鸡。在不到一小时里，我们就看到了 150 多只野鸡，另外还有很多石鸡。

我从来没有见过中国有哪个地方的野鸡能够像这个地方的这

样多。我们在猎捕野猪期间，如果打野鸡，可以毫不费力地打到100只或更多。但我们不能随便开枪，以免妨碍我们猎捕大型野猪，所以只是在返回宿营地的路上打一点野鸡。白天，大量的野鸡会聚集在山顶，但在早晨或晚间的时候离开。

我们的第二次狩猎非常有意思，也非常有收获。我们一大早就遇到了那群中国猎人。我们商定，如果我们一起合作，那么猎到的野猪肉我们就平分。他们中间有一个高大帅气的小伙子也是我们在该地区见过的唯一一个真正的猎人。他的直觉能告诉他野猪在哪里，野猪会做什么，如何才能够猎捕到野猪。

他一刻不停地带领我们沿着山顶进入一个山谷，接着又爬上一个长长的山坡，到达一个刀锋状山脊的顶端。然后，他突然躲进草丛，指着峡谷对面光秃秃的山坡。两只野猪出现在我们的视野里，其中有一只非常大的母野猪。它们距离我们大约有300码远，位于一片灌木丛的边缘，它们在那里悠闲地觅食。史密斯离开我，迅速跑到谷底，在那里可以更近距离地射击，我就在石头后面等着。当他刚跑到半山腰时，母野猪正朝着一片灌木丛移动，那只小野猪也已经消失在这片植被当中。如果我实在得开枪的话，就是现在了。但我开枪过于匆忙，失手了。那两只野猪向下冲到了开阔的山坡，想要冲到谷底。在我第二次射击的时候，一个中国人在争抢空子弹壳的过程中踢到了我的腿，导致子弹射向了空中。我狠狠责骂了他们一顿，并让这个人退出了队伍。我又向逃跑的野猪开了三枪，但它还是毫发无损地跑掉了。

我的枪里还剩一发子弹，我看见另一只野猪在谷底就像一只惊惧的野兔一样奔跑着。它离我太远了，我几乎看不见猎物，但我还是开了一枪。野猪翻了个跟头，倒地不动了。子弹正中它的头部。

同时，史密斯也起劲地追着那头大母猪。他绕过岩石一角，刚好遇到野猪从不到 6 码远的另一边全速冲过来。他试图稳住身体，但突然滑了一下，坐倒在地。他还是想办法开了一枪，打断了野猪的左前腿。但它还是消失在灌木丛中，史密斯爬起来接着追踪。

他开始间断地射击，大概持续了半小时。砰、砰、砰，接着就安静下来。砰、砰、砰，然后再一次安静下来。我在猜测，他到底在干什么。最终我跑到谷底，直到看见史密斯就在我对面的山谷边缘下面。他正在疯狂地穿过母野猪身后的灌木丛。野猪出现在山顶的一瞬间，他马上单膝跪地，连开两枪。然后，我看见他跑上山顶，像狍子一样在灌木间跳跃着。他一度滚了十多英尺，滚进一片荆棘之中，但他马上又站了起来，再次跳跃着穿越那些灌木丛，眼睛一动不动地盯着野猪。

这场景过于好笑，我不得不大笑出来。“冲呀！史密斯，抓到那只野猪，”我大声叫着，“追上它，亲自抓住这只野猪。”他跑得气喘吁吁，已经没有力气回应我的呼喊了。过了一会儿，史密斯又跳过了一截倒在地上的木头，毫不懈怠地追猎着野猪。此时的野猪正躺在一棵树下，差不多要不行了，但还有些力气，足以严重伤害史密斯。史密斯再次站稳之后，朝着向他冲过来的野猪再次开枪。子弹正中野猪的靠近脖子的肩部，把它掀翻在地。野猪挣扎着站起来，还摇摇晃晃地跑了几步，然后摔进了山沟。

当我开始爬山时，史密斯大声地喊道，野猪可能会再次发动进攻。听到之后，我举起了步枪，但野猪已经疲乏至极，无力反抗。我警惕地绕着圈走，从后边慢慢地向前，走到野猪旁边后用我的猎刀刺入野猪的心脏。即便这样，野猪都还挣扎着向我反击，然后就滚到一旁，死掉了。

史密斯身上好多擦伤处在流血，衣服也已经被撕成了碎条，但他脸上却容光焕发。“就算到北京，我也会一直追下去，”他说，“我的子弹射完了，但我决不让它溜掉。如果我不是带着最后那盒子弹，我可能要被这只野猪伤到了。”

今天真值得热烈庆祝一下。如果有任何一个人应该为今天的成功狩猎庆祝一下的话，我认为无疑就是史密斯。他对这只野猪的很多部位进行了射击，野猪的两只腿都被打断了，至少有三发子弹射中了致命部位。

即使是这样，野猪却还在继续逃命。如果有任何人认为野猪是非常容易猎捕的动物，我强烈建议他到山西来试一试。这只母野猪的重量超过 300 磅，需要六个人才能把这两只野猪抬回宿营地。尽管我们又看见了两只野猪，但我们没有再开枪。我们感觉今天没有虚度。只要我还活着，我决不会忘记史密斯奔跑、跳跃追踪母野猪的样子，实在太有意思了。

第二天，我虽然打到了两只狍子，但还是充满怒火地返回了营地。史密斯和我在下午晚些时候分开行动，我和一个年长的中国人一起狩猎。我们发现了三只野猪——一只硕大的公猪、一只母猪，还有一只小猪——正穿过山丘的开阔地。我匍匐前进，到达距离猎物不到 70 码远的位置，开了第一枪。公野猪直接跌落到了荆棘丛中，大声地叫唤着。我的第二颗子弹击中了母野猪的肩部。我在一片灌木丛中追踪了母野猪很长一段距离，但还是没有追到它。

我返回察看公野猪时，发现和我一起的那个中国人弯下腰，在山谷里面蹲着，他直接示意我，野猪没有找到。我花了仅剩的半小时在荆棘丛中寻找野猪，但是没有找到，后来我才知道，当地人把被击毙的野猪藏在一块大石头下面。晚上他们把野猪抬走了。此外，我们离开后，他们还找到了我们射伤的那只母野猪。尽管在那时，我并没有怀疑这个人会欺骗我，但很明显他没有按照我的指示仔细寻找。不然的话，那只野猪是不可能逃走的。

史密斯后来还请了两周的假，这样我们又多了一天的时间打猎。第二天早晨，天阴沉沉的，还下了冰雹。在这种天气，动物都宁可舒舒服服地待在窝里，惬意地依偎在厚厚的灌木丛里。除了一只被我猎杀的狍子之外，我们什么都没有看见。我开枪时，这只狍子正在全速奔跑，在山顶之后无影无踪了，没有一点受伤的迹象。史密斯正等在另外一边，我非常期待他能开枪，可他没有。为什么他没有开枪？我们到达山顶之后才发现，这只狍子已经死了，躺在山顶的草丛里。史密斯实际已经看见狍子越过了山脊，但就在他要开枪时，他看见狍子倒在了地上。

我们后来检查发现，我射出的子弹已经完全击碎了狍子的心脏，但是狍子还跑出了 100 多码。它翻倒在地，一侧的鹿角被撞断，另外一侧的也撞松了。当我抬起狍子的头时，狍子的角就断在了我的手中。那是 12 月 11 日，我射杀的其他雄鹿的鹿角都还没有蜕下，但可能在圣诞节之前就要脱落了。冬季是鹿角主要的生长季节，到了第二年的 5 月，新鹿角上的鹿茸就会全部脱落。

在返回宿营地的路上，我们看见一只巨大的野猪站在开阔的山坡上。史密斯和我都开了枪，虽然不难射击，但我们都射偏了。我和一个中国人一起绕过了山脊，史密斯则沿着野猪的踪迹追击。我们一直追到了深谷边缘，看见野猪已经跑到了谷底。在它跑入灌木丛时，我开了一枪。野猪可能被射中了，嚎叫了一声，但没有停下来，还是接着跑。第二枪射中了野猪身体的后半部，第三枪之后，野猪大叫一声，扑入了植被中。我们跑到现场之后，看见了很大一摊血迹，还有野猪的内脏，但是没有见到野猪。我们沿着红色的血迹追踪着，每走一步都期待着发现已经死掉的野猪。但是，我们沿着血迹下了山，走进了山谷，来到一座没有积雪但覆盖着厚厚橡树丛的小山上。

我和史密斯绕到前面拦截那头野猪，中国人则持续沿血迹追踪。我们回来与中国人会合时，天差不多要黑了。中国人告诉我们，血迹持续了一段距离之后就找不到了。这似乎令人难以置信，怎么可能会找不到血迹和踪迹了呢。但他们已经踩踏过雪地，留下痕迹，我们已经不可能再在黑暗中找到野猪的踪迹了。

我和史密斯都有所怀疑，后来我们的怀疑被证明是对的。也就是说，这些中国人已经发现了被我们猎杀的野猪，但故意带领我们走了别的路，让我们找不到死掉的猎物。然而，我们没有证据，这些中国人也极力否认了这个指责，以至于我们开始认为我们的怀疑是没有根据的。

第二天天一亮，我们就不得不出发，因为史密斯的假期快要结束了。我们离开两天之后，我们的一个朋友来到了高家庄。这个朋友告诉我们，那些中国人在我们离开之后从山里拖出了四头被我们射伤的野猪。其中一只，也许就是我们在最后一晚非常遗憾没有追踪到的那头公野猪。这头公野猪相当大，当地人说大概会有 500 磅重。当然，这也有可能不是事实，但它至少会有 400 磅重。

我和史密斯知道这件事情的时候便商定，一定要把这件事情记录下来。但是，这次狩猎也让我们学到了很多关于猎捕野猪的经验，这些经验在将来的狩猎中是非常有价值的。我也发誓，如果下一次我再射伤一头野猪，我一定要沿着血迹追下去，直到天涯海角。还有，要想把一只野猪撂倒并射死，一定要有一支重型步枪。我的曼立夏步枪的 6.5 毫米口径子弹，对野羊等猎物来说都是非常好的猎杀武器，但对于野猪来说就远远不够了。野猪拥有强大的生命力，甚至在被射中致命部位时，它们仍能不可思议地逃出很远的距离。下一次，我一定要带一支为野猪特制的步枪。

第十九章

东陵猎场

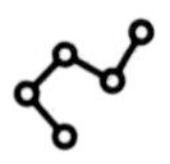

G.D. 怀尔德博士、埃弗里特·史密斯和我在北京载泽贝子府巨大的黄铜大门的门口下车。当时，早春的阳光正倾泻在贝子府鲜花覆盖的庭院里。我们乘坐的是汽车而不是人力车，因为这一次拜访是美国公使馆安排好的，如果不坐昂贵的汽车前来，我们就会被认为丢面子。接待我们的可是一位帝国王侯，是朝廷的贝子爷，他的身体里流淌着清朝皇族神圣的血液。尽管他已经卸任，载泽贝子依然是一位具有权势和备受尊敬的贵族。

我们被带进去，穿过一个又一个的厅堂，到达了一个具有外国装饰风格但又极具品位的接待厅。过了一会儿，贝子爷进来了，穿着简单的深蓝色丝绸长袍。就算只是在街上偶然遇到他，你也会仅从外表就认为他是一个大人物。他高贵的面容展现出一个历史创造者的风范，他曾惨淡地面对自己理想破灭的废墟，看着自己的皇上退位，看着自己的王朝崩溃，也没有丢失一点点自己的风姿和尊严。他端庄威严，待人接物之中传递出的皇家仪容激起了别人对他的尊重。如果他在革命中被判处死刑，我确定，在接受死刑时，他同样会和今天在接待厅里接待我们时一样镇定。他非常有礼貌地怀着巨大的兴趣倾听我们说的话，我们也向他解释了这次拜访的目的。我们对贝子爷说，我们来是为了申请准许我们到东陵的狩猎场收集自然历史标本。皇陵分为东陵和西陵，清朝皇帝和嫔妃长眠在繁茂松树林间的宏伟的皇家陵墓中。

皇帝埋葬在广阔的设有围墙的陵园地下，而陵园的长度超过上百英里。为了表达对逝世皇帝的尊重，民国政府没有动这些神圣的地方，毫无疑问，永远也不会动这些地方。即便清王朝已经被推翻了，这些陵墓依然属于他们。按照惯例，部分皇室成员会居住在东陵，负责看管陵园。载泽贝子爷非常严肃地向我们解释了这一情况，还说他会帮我们写封信给马兰镇总兵官兼东陵总管内务府大臣崔祥奎[①]，崔将军会批准我们的申请。之后，贝子爷用茶杯轻碰嘴唇，表示我们的谈话到此为止。对于来访的外交人员，贝子爷都会非常礼貌地送至大门口。每经过一个厅堂，我们都会恳请他返回，不用远送了。这就是中国的接客之道。同一天下午，贝子爷派一个信使来到我们位于无量大人胡同的住处，给我们带来贝子爷用非常漂亮的中国书法字手写的信件。

埃弗里特·史密斯和我第二天早上就出发去了东陵。我们乘坐火车到达了12英里之外的通州，马夫、马匹、马车和行李在通州等着我们。前往东陵的一路上我们感觉非常愉快，路边呈现着华北地区的乡野景色。几个世纪以来，这条道路都是皇家专用的“高速公路”。我能够想象到，以前在道路上通过的队列是何等的辉煌，在世的皇帝来朝拜已经逝世的皇帝时，又是何等的壮观。

---

① 原文为“Duke Chou”，根据在任时间及罗伊本文中“Duke Chou”的住址判断，这里的“Duke Chou”，应当是指崔祥奎。——译者注

我脑海中记得的最生动的画面就是1909年那次盛大的葬礼。我看见黄色的皇家灵柩被缓缓地、肃穆地抬上北京周边的山丘。灵柩里躺着的是慈禧太后，她是中国封建王朝最后一位太后。

我们在一个村子边上的小旅馆度过了第一个晚上。旅馆很干净，宽大的庭院里停满了不断到来的马车。劳累的马夫在厨房里呼哧呼哧地吃着面条，有的马夫早就在炕上伸着懒腰，乱作一团地睡着觉。晚饭后，史密斯和我在庭院里面踱着步。离旅馆不远的地方，一个露天的戏台上正在唱着戏，所有村民都聚集在街上看戏。但是，观众们对我们这些外国人比对看戏要更感兴趣，过了一会儿，很多人就围上了我们。这些善良的人非常直接地表示出他们的好奇。最终，一个老人家也加入了进来。“为什么，”他说，“这里会有两个外国人。”老年人说话的时候，人群的嗡嗡声立即就停了下来。“他们穿着外国衣服，”他大声说，“还有那帽子也非常有趣！”事实上，外国人戴的帽子比中国人的要大。“看看这个高个子洋人背着的这支步枪，他能够非常轻易地射中鸽子，一枪就射中全部，可能还用不了1分钟。”

老人还继续说着，我们走回了旅馆。毫无疑问，他还会继续谈论我们这些外国人。在中国的乡村中，除了庄稼、天气以及当地的流言蜚语，确实也没有什么是可以谈论的。

当天下午，我们到达了东陵。我们从山顶的一个石门出来，俯瞰眼前的东陵全景。这里就像一片广袤的绿色海洋，无边的森林像连绵不绝的海浪在翻滚，直至远山蓝色的薄雾。

黄顶的陵墓在森林海洋之中，犹如小岛一样，在太阳光芒的照射之下，黄顶散射着万道金光。在我们厌倦了华北地区单调的褐色之后，生动可爱的绿色树木让人精神为之一爽，就像在沙漠之中找到了一个无名的绿洲。右手边就是有名的马兰峪，马兰镇总兵官兼东陵总管内务府大臣崔祥奎就住在这里。

我们受邀居住在一座迷人的寺庙里。站在寺庙宽阔的回廊里，我们可以看到褐色村庄之外壮丽的陵园，以及皇帝陵墓金光闪闪的金顶。第二天，我们发现这里真是一个变幻多端的天堂般的公园，是绝美之所在，散发着富丽堂皇的深邃的艺术气息。宽阔的陵道、两旁的汉白玉兽雕、整齐排列的树木、金红色的威严大门，均具极高的艺术品位。宽阔的大道上，一个比一个华丽的大门，为这陵墓累积着无尽的辉煌。每一处都能够让我们感到皇家的体面和威严，没有一处渺小，没有一处局促。在这里我们可以深刻地感受到陵墓建造者的伟大创作。在面对生死问题上，他们的胸怀如天空般广阔。

在东陵，自然界和人类相互合作，成就了一个和谐世界。陵墓附近的树木均为人工种植，但做法极为巧妙。没有任何一处树林可以看得出人为的痕迹。身处其中，我们只觉得每一棵树、每一片树林都恰如其分地、自然而然地、毫无意外地生长在那里。

尽管陵园的总体规划比较类似，但每一座陵墓对所安葬皇帝都有其特别的表达。艺术家乾隆皇帝的陵墓坐落在离皇太后不远之处，庄严、漂亮、简洁，体现了这个皇帝的生涯和功绩。乾隆皇帝的陵墓与慈禧太后的陵墓形成了巨大的反差。慈禧太后通过权力和诡计把持着统治地位，又极为喜欢奢华的铺陈，这一切都通过其陵墓的样式得以展现。慈禧太后的陵墓过度奢侈华丽，好像是在向全世界宣告，即便是在死后，她都是最伟大的人。据说，慈禧太后的陵墓耗资千万元，我对这一数字深信不疑。但从今往后上百年，乾隆皇帝的陵墓会如艺术大师的作品一样历久弥新，而只讲究奢华的太后陵墓，我认为只会破败而暗淡。

我们被这里宁静的美景所吸引，在红色和金色亭子之中漫步并度过愉快的一天。不单是极其迷人的陵墓，我们真正关心的是狩猎场。往北 60 英里处，仍在陵园范围之内，有耸立的高山、茂盛的森林，那里就是我们的目的地。

整整一天，我们跟在三头小毛驴后面，沿着一条蜿蜒的、泛着泡沫的小溪，在谷底一直朝前走着。夜里我们宿营在开阔地，第二天穿过山脉，进入了一片橡树和松树以及零星点缀着银色桦树的森林。几百个伐木工人沿着小道超过了我们，每个人都在背上背着圆木。在我们到达名叫兴隆山的村庄之前，我们走进了一片荒凉之地，数以千计的优质林木早已不见踪迹，只留下那些焦黑残败的树桩。如此恣意、如此放肆，我为之触动，也为之恐惧。

原因显而易见。农民们在每一块空地上辛勤耕耘。不管上面是什么，他们都会开垦出来用于耕种。华北树木很少，人们热切地希望离开这些光秃秃的山区。然而在这片森林乐园中，人们为了种庄稼，无情地牺牲了树木。除了很多被砍伐的树木，还有更多的树木被焚烧。这么做仅仅是为了清理山坡。

在兴隆山，我们遇到了我们的猎人。我们沿着山谷走了三小时。每走一英里，开阔地就会越来越少，终于我们来到了一片开阔的山区，这里山谷幽深，森林茂密，景色非凡！我深深地被这里的景色所打动，就像我被云南的山脉和长江的峡谷所打动。而且，这样的壮丽景色离北京还不到 100 英里。

我们在一座小山脊上的森林里扎营。站在帐篷门口，我们可以越过森林树木的树梢，眺望远处蔚蓝的山谷。我们身后茂密如高墙的森林，隐现在如湍流般的山脉回廊之间。

我们专程来东陵寻找梅花鹿以及白冠长尾雉的标本。梅花鹿是一种高贵的动物，大概和美国的弗吉尼亚野鹿一般大小，在华北地区已是罕见。雉鸡是一种非常漂亮的野禽类，目前只能在两个地点找到，一个是位于长江边上的宜昌，另一个就是东陵。东陵的森林被砍伐之后，这两个物种在华北地区可能就要灭绝了。

清晨，我们带着六个猎手一同出发，沿着谷底朝着宿营地北边的一个山脊走去。我们正在山路上走着，突然一个猎人抓住了我的胳膊小声说："山鸡。"我听到了一阵翅膀的呼扇声，眼前闪过了一个金色的影子，我立刻开枪，但没有打中。一只山鸡飞下来，落在山坡上，我和史密斯无比喜悦地冲了过去。10分钟后，我们爬得筋疲力尽，也没有抓到山鸡。我们不久后才知道，在雉鸡在恐惧激动的情况下，是没有办法抓到的。它会不停地乱飞，一会儿飞到山腰，一会儿飞到山顶，一会儿又会飞到另一座山脊上。

在回来的路上，我才打到今天的第一只雉鸡，一小时之后，我打到了六只雉鸡。我本来应该还能再打两只的，但我看到它们的时候，就被雉鸡的美丽迷倒了，只记得观赏，忘记了开枪。傍晚时分，太阳斜悬半空，树林间阳光闪烁。在长满林木的山肩顶端的开阔地，我看到六只雉鸡在吃东西。我突然意识到，如果绕行至山脊底部，我们就可以从后边突然跳出来，驱赶雉鸡，让它们飞过开阔的山谷。接下来我们就按照这个计划进行了。我越过山脊时，又听见了翅膀扇动的声音，六只雉鸡像箭一样飞向天空，距离我不超过30英尺远。太阳正照在它们金黄的背部和流苏状的羽毛上，把它们变成了金黄色的飞球，每一只都带着燃烧着的彗星状的尾巴。

这是一幅美得难以描绘的画面，我痴迷地凝视着，傻傻地握着步枪，眼看着雉鸡飞过了山谷。我怎么能够将这些灿烂漂亮的雉鸡杀死，然后将它们变成一堆乱七八糟的肉类和羽毛。数个世纪以来，中国的京剧演员非常喜欢佩戴这种野鸡那长达 6 英尺的条纹尾羽，在演员的文艺圈子中，这种雉鸡非常有名。如果这个物种在华北生物圈消失，这将是一场悲剧，但是，如果东陵森林的乱砍滥伐不能得到制止的话，这场悲剧将不可避免。

第二天下午，我非常辛苦地追赶着四只梅花鹿，连续爬过了三座山。最终，我们在一个深谷里找到了它们，我通过望远镜好好观察了这些动物。然而，让我失望的是，我看到鹿角上的茸毛都还没有脱落，冬季的毛皮也只褪了一部分。它们现在的状态作为标本毫无价值，所以我立即放弃对它们开枪。在离开北京前，我曾经去过动物园，观察确认过梅花鹿已经换上了夏天的毛皮和鹿角。但在东陵，春天却还没有到来，动物都还没有褪去冬季的毛皮。

在夏天，梅花鹿是所有野鹿中最漂亮的。它亮红色的身躯点缀着白色斑块，并且伫立于绿叶丛中。这构成了大自然中的动人景色。我们希望为美国自然历史博物馆的亚洲生物新展厅捕捉到一组这种漂亮的动物，但我们需要的标本必须长着完美的夏季毛皮。

当我不同意射杀这些还没有换上夏季毛皮的梅花鹿时，我的猎手难过得说不出话来。长着茸毛的鹿角是最有价值的，当地人需要的就是这种鹿角，他们并不需要制作标本。一对上好的完全覆盖着茸毛的鹿角可以卖到 450 美元。正在生长的鹿角被中国人称为“血角”，意思是带血的鹿角，中国人认为这种鹿角对某些疾病具有极高的疗效。所以，这种动物受到了无情地捕猎，即便是在东陵，也所剩无几了。

当地的药剂师认为，马鹿的鹿角也具有重要的价值，但非常奇怪的是，他们对驼鹿以及狍子不太感兴趣。数以万计的鹿角从中国内陆省份运到大城市售卖，这一物种的完全灭绝应当仅仅是几十年的时间问题。此外，在产犊季节前的母鹿，更是受到无情的猎捕，因为人们认为未出生的小鹿具有更大的药用价值。

东陵的狍子和梅花鹿一样，都还没有完成褪毛，对我们制作标本来说没有帮助。但是，栖息于山峰之上的斑羚羊还没有开始褪毛，于是我们猎捕到了许多斑羚羊。一个清爽的早晨，史密斯射杀了一头大公羊。我们常常能够看到，在崎岖不平的露出地表的花岗岩岩层中，稀疏地长着一些云杉和松树，在我头顶上千英尺处耸立着。我们确信，在山脊之上的某处一定藏着斑羚羊，猎手们说，他们曾经在那里猎捕到斑羚羊。陡坡难爬，到顶之后，我们休息了好一阵子。老猎人把史密斯安排在一个几乎垂直的岩石的正对面，把我安排在史密斯另一边的稍高一点的位置。三个猎人爬到我们下面一英里处的山脉，沿着山脊驱赶可能存在的动物。

半小时后，我伸直身体，躺在奢侈而温暖的阳光中，呼吸着松树的芬芳，懒洋洋地看着一只中国绿色啄木鸟在旁边的一棵树上搜寻着小虫。突然，我听到在我头顶上方的悬崖上传来微弱的石头松动的声音。我马上就警觉和紧张了起来。只过了 1 秒钟，史密斯就开了第一枪，然后就没有了声音。

又过了一会儿，他朝我喊道，他朝一只大斑羚羊开了一枪，但斑羚羊却在山脊后边消失了，他担心没有射中。然而，老猎人看见那只动物挤进了松树丛中。由于它没有再出现，我确信这只斑羚羊被射伤了。猎手爬上悬崖时，看见斑羚羊已经死了，子弹射穿了它的胸部。

斑羚羊、梅花鹿以及狍子，其实都不是东陵仅有的大型动物，熊与豹子也并非罕见，有时候，当地人还会猎捕到老虎。这里的其他物种还有差不多 3 英尺长的大飞鼠、獾和花栗鼠。花栗鼠是一种漂亮的松鼠，有着绒毛耳朵，耳朵在夏天几乎是黑色的。这种花栗鼠现在已经非常稀有。除了这些，还有一些其他的动物。但是，这片神圣森林中的所有生物中，最有趣的应当是华北地区的野猴。

东陵的鸟的种类非常多。除了我提到的白冠长尾雉鸡之外，这一科中还有其他两个漂亮的品种。一种是常见的环颈雉，数量非常丰富；另一种是稀有的勺鸡，身体呈灰色，胸部暗红，头部有黄色条纹而且长着长长的鸡冠。这种山地野鸡，需要生活在松树和橡树的混合森林，其分布比白冠长尾雉鸡要广，但在华北地区却只有很少几个地方可以发现这种野鸡。

一天早晨，史密斯和我打猎回来时，我们看见三个伙计都站在一个溪流上边的石架上，凝视着水面。他们朝我们喊着："要吃鱼吗？""当然啦！"我们回答说，"但你们怎么捕鱼呀？"

过了一会儿，他们从石头后边滑了过来，脱了衣服。一个人走进了水中低地的浅滩处，开始用一根枝叶拍打水面，另外两个人则蹲伏在溪流中间的石头上。突然，其中一个伙计跳进水中，两只手紧紧抱着一条有漂亮斑点的鳟鱼浮出水面。他刚看见这条鱼游到石头下面，就包围了过去，在鱼儿逃跑之前捉住了它。

两个伙计就像翠鸟一样坐了一小时，除了潜入水中之外，一动不动。当然，他们不是每一次都能捕到鱼，当我们准备回宿营地的时候，他们已经捕到了八条鳟鱼，其中好几条鱼都超过了 2 磅重。溪流里面的鱼很多，我们要是有钓鱼竿就好了。

吕用一个标准牌汽油罐做的小烤炉烤了一条玉米面包，我们还在存货中找到了一罐蜂蜜。培根油炸鳟鱼，南方风格玉米面包配蜂蜜，苹果派，咖啡，还有卷烟，这就是所谓的“在东方露营的艰苦之处”。

当我们在宿营地待了一周之后，一天早晨，我们醒来时发现一股浓烟正在山谷里飘来飘去。显然那里在烧着很大的山火，史密斯和我立即出发进行调查。我们沿着山谷走了 1 英里，看见整个山坡都着了火。不得不承认的是，山火看着壮观极了，但对森林的破坏也同样让我们震惊。幸运的是，强烈的山风从东边吹来，山火不会扫向北边，我们的营地没有危险。我们爬上一片小小的开阔地，开阔地有一个孤独的小木屋，我们看见两个中国人盘腿坐着，平静地看着山火肆虐，穿过山谷。

我们问他们，山火是什么引起的。“哦，”其中一个说，“我们自己放的火呀！”“老天呀，你们为什么要放火呀？”史密斯问。“嗯，是这样的，”那个中国人回答说，“我们的空地里的灌木太多了，我们想要清理一下。今天风吹的方向对，所以我们就来放火了。”

“但是，难道你们没有看见吗，你们把整个山坡都烧着了，烧了成千棵树木，这个山谷都被你们毁了！”

“嗯，是呀，但我们也只有这个办法，”其中一个当地人回答说。然后，我就愤怒了。我承认，我诅咒了这个中国人，诅咒了他的祖先，在中国，这是骂人的一般方式。我告诉他，他是兔崽子，他爹，他爹的爹，他爹的爹的爹，都是兔崽子。在中国，骂别人是兔崽子，是一种非常贬损的说法。

但后来，人们都说我白费力气。被我骂的那个人带着迷茫惊诧的神情看着我，好像我疯了似的。他完全不知道，烧掉这样一座美丽的森林是一种极大的犯罪。对他以及他的同伴来说，唯一值得干的事情就是在山谷中清理出一片土地来进行耕种。如果这条山脉的每一棵树都在烧山过程中被毁掉，今天这点事情又算什么呢？反正，最后这些山，这些树，都是要被毁掉的。无论是山上还是山谷，都会被用来种庄稼。

对东陵的任意破坏让我们心里非常难过。这是全中国最美丽的地方之一，离北京还不到100英里，砍伐的斧头，烧山的火焰，正在完完全全地毁灭着这里。即使你走遍整个中国，也无法在如此小的范围内，发现如此之美的壮丽风景。更可惜的是，这里已经是华北地区很多野生生物的最后的避难之地了。但东陵的森林消失之后，禽类和哺乳动物类的很多物种都将绝灭。我不敢说，华北的原始植物群到底有多少是存在于这片森林里面，因为我不是植物学家，但肯定不会比我知道的少。

真心希望中国政府能够尽早采取第一步措施——建立东陵国家公园——以保护这里的动物和植物。

但实际上，存在很多政治上的困难。东陵以及所有周边地区，毫无疑问都属于满族人，他们可以为所欲为。但是这在很大程度上只是一个钱的问题，如果民国政府愿意出钱买下东陵的山川树木，别的就不难了。地球上还没有任何一个国家，拥有如此可贵的机会，能够为今世后代建造一座历史辉煌的生机勃勃的博物公园。